# 식품공학기술자 어떻게 되었을까?

꿈을 이룬 사람들의 생생한 직업 이야기 37편

# 식품공학기술자 어떻게 되었을까?

1판 1쇄 찍음 2021년 10월 25일
1판 1쇄 펴냄 2021년 11월 1일

| | |
|---|---|
| 펴낸곳 | ㈜캠퍼스멘토 |
| 책임 편집 | 이동준 · ㈜엔투디 |
| 진행 · 윤문 | 북커북 |
| 연구 · 기획 | 오승훈 · 이사라 · 박민아 · 국희진 · ㈜모야컴퍼니 |
| 디자인 | ㈜엔투디 |
| 마케팅 | 윤영재 · 이동준 · 임소영 · 김지수 |
| 교육운영 | 임철규 · 문태준 · 신숙진 · 이동훈 · 박홍수 |
| 관리 | 김동욱 · 지재우 · 이경태 · 최영혜 · 이석기 |
| 발행인 | 안광배 |

| | |
|---|---|
| 주소 | 서울시 서초구 강남대로 557 (잠원동, 성한빌딩) 9층 (주)캠퍼스멘토 |
| 출판등록 | 제 2012-000207 |
| 구입문의 | (02) 333-5966 |
| 팩스 | (02) 3785-0901 |
| 홈페이지 | http://www.campusmentor.org |

ISBN 978-89-97826-90-2(43570)



· 인터뷰 및 저자 참여 문의 : 이동준 dj@camtor.co.kr

# 식품공학기술자 어떻게

# 되었을까?

# "도움을 주신 식품공학기술자들을 소개합니다"

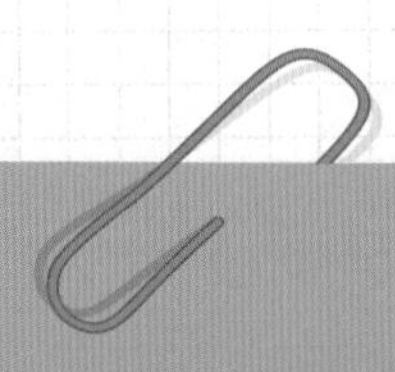

차의과학대학교 식품생명공학과
**권기성** 교수

- 현) 차의과학대학교 식품생명공학과 교수
- 식품의약품안전처, 식품의약품안전평가원 연구직 공무원
- 롯데그룹중앙연구소 연구원
- Texas A&M University 박사 (식품화학 전공)
- 동국대학교 식품공학과 석사
- 동국대학교 식품공학과 학사

하이트진로(주) 연구소
**윤상진** 부장

- 현) 하이트진로(주) (25년)
- 강원대학교 식품공학 박사
- 강원대 대학원 식품공학과 석사
- 고려대학교 식품공학과 학사
- 2018 바텐더, 소믈리에 개발책임자 NCS(국가직무능력표준) 학습모듈 제작 참여
- 2017 식품의약품안전처장 표창
- 2016 한국식품안전관리인증원 1년간 자문위원
- 2015 맥주, 증류주 NCS(국가직무능력표준) 학습모듈 집필
- 식품기술사, 포장기술사

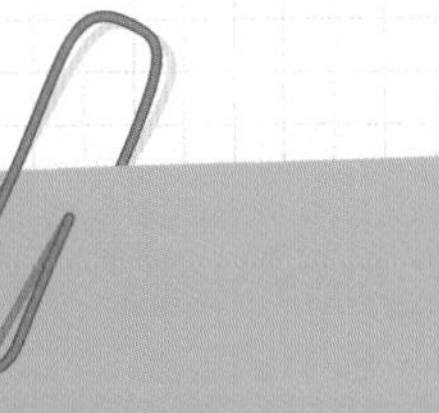

이마트 PK마켓
**이근배** 점장

- 현) 이마트 PK마켓점장
- 경기 신세계 식품팀장, SSG 목동점장
- 신세계 상품과학연구소장
- 신세계 상품과학연구소 근무
- 국립보건원 식품규격과 근무
- 단국대학교 식품화학전공 박사수료
- 연세대학교 보건학 석사
- 단국대학교 식품영양학 학사
- 유통관리사, 식품기술사, 영양사, 위생사

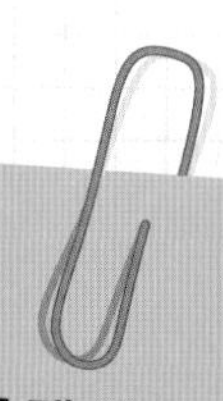

한화호텔앤드리조트 품질경영팀

## 남효원 식품안전담당 대리

- 현) 한화호텔앤드리조트 품질경영팀 6년 차
- ㈜베니건스 교육팀 위생담당 3년
- ㈜남양유업 생산팀 품질관리 3년
- 계명대학교 식품가공학과 석사
- 계명대학교 식품가공학/ 식품영양학 학사
- 2017 식품법무실무능력
- 식품기사, 위생사, 제과·제빵기능사, 식품가공기능사


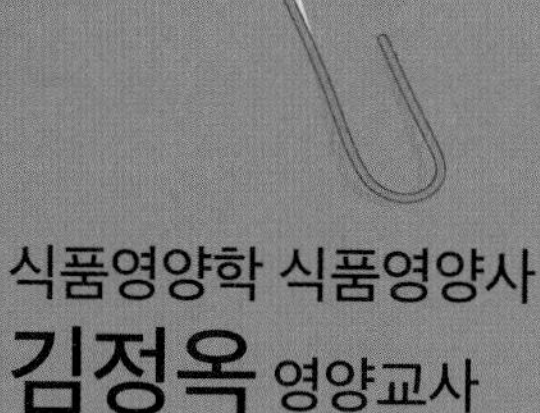

식품영양학 식품영양사

## 김정옥 영양교사

- 현) 경상남도교육청 월천초등학교 영양교사
- 삼성에버랜드, 삼성웰스토리 영양사
- 울산대학교 식품영양학과 학사
- 〈영양교사 궁정옥〉 유튜브 운영
- 전국 교사 크리에이터 협회 정회원
- 학교급식 우수사례 '영양·식생활' 경상남도 교육감상 수상 외 다수
- (사)대한영양사협회 주관 '일 잘하는 영양교사의 커뮤니케이션' 신규교사 강의
- 「일하는 사람, 영양교사 편」 2022. 에세이 출간 예정


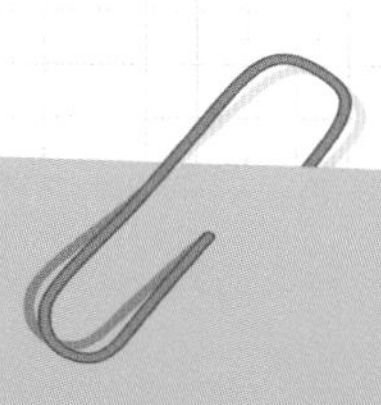
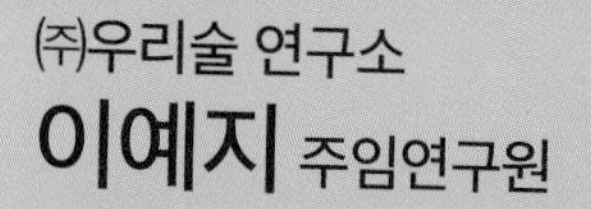


㈜우리술 연구소

## 이예지 주임연구원

- 현) (주)우리술 근무(식품개발 및 품질관리 업무)
- 세종대학교 바이오융합공학과 졸업
- 제2회 생명과학대학 학술제 최우수상 수상
- 세종나누리 7기/8기 봉사단 활동 외 다수
- 세종대학교 대표상품대회 최우수상 수상
- 세종대학교 고령친화아이디어공모전 수상
- 식품기사, 위생사

▸ 도움을 주신 식품공학기술자들을 소개합니다 … 004

Chapter 1

# 식품공학기술자, 어떻게 되었을까?

▸ 식품공학기술자란? … 012
▸ 식품공학기술자의 직업전망 … 013
▸ 식품공학기술자의 주요 업무능력 … 015
▸ 식품공학기술자에게 필요한 자질 … 017
▸ 식품공학기술자가 되려면? … 019
▸ 식품공학기술자들이 전하는 자질 … 022
▸ 식품공학기술자의 좋은 점·힘든 점 … 026
▸ 식품공학기술자의 취업 현황 … 032

Chapter 2

# 식품공학기술자의 생생 경험담

▸ 미리 보는 식품공학기술자들의 커리어패스 … 036

권기성 교수 … 038

- 뜻을 높이 세우고 기죽지 말라!
- 연구원에서 공무원, 그리고 교수로
- 식품은 독이 되기도 하고, 득(약)이 되기도 한다

윤상진 부장 … 050

- 새로운 정보를 얻으려면 외국어를 배우라
- 회사는 나의 놀이터
- 식품공학의 분야는 넓고 할 일은 많다

이근배 점장 … 064

- 담임선생님의 격려 한 마디로 변하다
- 한 우물만 파라!
- 역시 제일 중요한 건 먹거리

남효원 대리 … 78
● 활력 넘치는 말괄량이 '빵신'
● 주경야독하며 HACCP을 통과하다
● 우리는 틀린 게 아니라 서로 다를 뿐

김정옥 영양교사 … 92
● 학교 급식소에서 영양사를 꿈꾸다
● 영양사에서 영양교사로
● 다양한 채널로 정보 공유하기

이예지 주임연구원 … 110
● 먹방이 진로 결정에 디딤돌이 되다
● '우리술'이 정말 우리 술이 될 때까지
● 넓은 경험이 전문가를 만든다

▸ 식품공학기술자에게 청소년들이 묻다 … 124

Chapter 3

# 예비 식품공학기술자 아카데미


▸ 식품공학 관련 대학 및 학과 … 132

▸ 식품공학 관련 학문 … 144

▸ 식품유형 분류 … 148

▸ 가공식품이란? … 152

▸ GMO란 무엇인가? … 156

▸ 건강기능식품이란? … 160

▸ 미래 식품을 이끄는 기업 … 163

▸ 식품공학 관련 도서 및 영화 … 167

# 식품공학기술자,

## 어떻게 되었을까 ?

# 식품공학기술자란?

## **식품공학기술자**(食品工學 : Food engineer)는

식품에 대한 조사, 개발, 생산 기술, 품질 관리, 포장, 가공 및 이용에 관한 업무를 한다.

식품개발을 담당하는 식품공학기술자는 자사 및 경쟁업체의 상품에 대해 식품 및 소비자의 반응을 분석하며 이러한 분석을 토대로 생산할 제품을 기획하고 식품의 영양, 맛, 색깔, 상품가치 등을 고려해 적합한 재료를 선택하고, 조리방법 등을 연구한다. 식품의 각종 성분을 검사하는 식품공학기술자는 각 식품의 특성에 따라 이화학실험, 미생물실험을 통해 농약과 같은 식품의 유해성분 잔류여부, 식품첨가물의 적절성 여부 등에 있어 제품의 안전성을 판단하는 안전검사를 실시하며, 이러한 실험·검사결과를 토대로 종합적인 보고서를 작성한다.
식품공학기술자 중 식품감시원은 백화점 및 할인마트의 식품코너, 식품생산업체 등에서 판매되거나 조리되는 식품이 안전하게 소비자에게 유통되고 판매되는지를 관리하고 감독한다. 식품가공, 생산포장, 품질관리에 관한 개선된 방법과 기술을 개발하고, 생산현장에서 생산라인의 책임자를 지도하거나 제조공정을 감독하는 작업도 수행한다.

출처: 커리어넷 직업정보

# 식품공학기술자의 직업전망

향후 10년간 식품공학기술자 및 연구원의 고용은 다소 증가하는 수준이 될 것으로 전망된다.

「중장기 인력수급 수정 전망 2015~2025」(한국고용정보원, 2016)에 따르면, 식품공학기술자 및 연구원은 2015년 약 6.3천 명에서 2025년 약 7.6천 명으로 향후 10년간 1.3천 명(연평균 1.9%) 정도 증가하는 것으로 나타났다.

## 일자리 전망

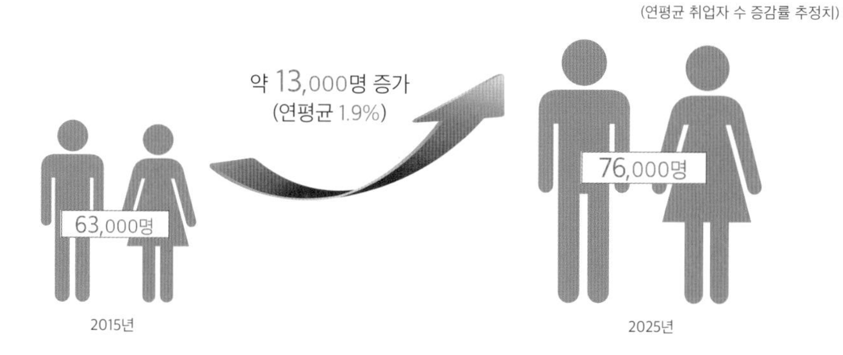


식품 업체 수는 2004년 19,770개에서 2014년 25,879개로 6,109개(30.9%) 증가하였고, 품목 수는 2004년 25,493개에서 2014년 62,852개로 37,359개(146.5%)로 급증하였다. 판매액은 2004년 271,420억 원에서 2014년 426,150억 원으로 154,730억 원(57.0%) 증가하였고, 수출액도 2004년 142,900만 달러에서 2014년 285,500만 달러로 142,600만 달러(99.8%) 증가하였다. 또한, 건강기능식품 업체 수도 2004년 236개에서 2012년 422개로 186개(78.8%) 증가하였고, 품목 수는 2004년 869개에서 2012년 12,847개로 무려 11,878개(1,378.4%)가 증가하였다. 식품첨가물 업체 수는 2004년 480개에서 2014년 802개로 322개(67.1%) 증가하였고, 품목은 2004년 892개에서 2014년 1,827개로 935개(104.8%) 증가하였다.(식품의약품안전처, 식품 및 식품첨가물 생산실적).

이상과 같이 식품 관련 업체 수와 품목 수가 많이 증가한 것을 보면 식품공학기술자에 대한 인력 수요도 증가하였을 것으로 예상할 수 있다. 이는 경제성장과 함께 생활 수준이 향상되고 인구가 계속 증가하여 식품 소비가 증가하였기 때문이다. 근래에는 고령화, 1인 가구 증가, 맞벌이가정 증가 등 인구구조와 라이프스타일의 변화로 기능성식품이나 간편조리식품(냉동식품, 즉석조리식품 등), 도시락 등 사람들의 수요에 맞춰 다양한 제품이 개발되고 있으며, 관련 산업도 급성장하고 있다.

건강과 식품 안전에 대한 인식이 높아지면서 정부 차원에서 식품 안전성 검사를 강화하고 있어 식품 안전성을 검사하고 유해 성분을 분석할 인력에 대한 수요도 커지고 있다. 기업도 자사 식품에서 유해 성분이 검출되거나 유통 과정에서 문제가 발생하면 기업 이미지에 심각한 손상을 입기 때문에 자체적으로 식품 안전을 검사하기 위한 부서를 두고 인력을 충원하고 있다. 또한, 김치나 장류, 인삼, 전통주 등 전통 식품산업 육성을 위한 정부 정책이 추진되고 있고, 민간기업 부문에서도 수출을 위해 현지인의 입맛에 맞는 식품을 개발하거나 할랄 식품(무슬림 전용 식품) 수출을 위한 인증 및 생산관리를 담당할 전문 인력에 대한 수요가 증가할 것으로 기대된다. 식품산업은 미래 성장산업으로서 식품 가공, 저장, 포장, 유통 분야 등에 첨단기술을 적용하는 연구도 활발하게 이루어지고 있다. 다만, 국내 경기 부진과 가계부채 증가, 가계소득 상승률 저하 그리고 조선·해운업을 중심으로 한 기업 구조조정의 본격화 등으로 내수 부진이 우려되기 때문에 식품 소비 증가도 이전과 같이 크지는 않으리라고 전망된다.

- 식품공학 기술자 및 연구원은 다른 직업과 비교하여 임금과 복리후생이 전체 직업 평균보다 높은 편이다.
- 식품산업에 대한 수요가 꾸준하여 일자리 창출이 활발한 편이고, 취업경쟁이 비교적 치열한 편이다.
- 연구직이므로 정규직으로 고용되는 비율이 높고, 고용유지가 높아 고용이 안정적인 편이다.
- 자기개발가능성이 높고, 능력에 따른 승진가능성 및 직장이동가능성이 높아 발전가능성이 높은 직업으로 평가된다.
- 근무시간이 규칙적이며 근무환경이 쾌적한 편이다. 성과 목표를 달성하기 위해 정신적 스트레스를 많이 받는 편이다.
- 전문지식이 필요하며, 연구원으로서 사회적 평판이 높다.

출처: 커리어넷 직업정보

# 식품공학기술자의 주요 업무능력

### [업무수행능력]

식품공학기술자로 일하려면 대학교에서 식품공학, 식품가공학, 식품분석학 등 식품 관련학을 전공하는 것이 유리하다. 이 외에도 화학, 나노바이오, 저장유통, 유전학, 수의학(동물실험 등) 등 식품공학기술자의 전공은 매우 다양한 편이다.

### [적성 및 흥미]

식품공학기술자 및 연구원은 식품개발, 식품가공, 표준화, 식품포장, 품질관리에 관한 개선된 방법과 기술을 개발하는 일을 하므로 분석적인 사고와 탐구적인 성격의 사람에게 적합하다. 기술설계, 품질관리분석 능력 등이 요구되며, 생물, 법, 공학과 기술 등의 지식을 갖추어야 한다.

### [경력 개발]

식품제조 및 가공업체, 건강기능식품제조업체, 식품유통업체, 식품의약품안전처 등의 정부기관, 기업체의 식품연구소, 식품위생검사기관, 품질검사기관 등으로 진출할 수 있다. 업체에 따라 채용조건에 다소 차이가 있지만, 대기업이나 공공기관 식품 관련 연구소 등 규모가 있는 연구소에서는 관련 분야의 석사학위 이상 소지자에 한해 채용하고 있다. 인삼이나 김치 등 특정 식품을 연구하거나 생산하는 업체에서는 해당 식품을 전공한 자를 우대하기도 한다. 경력을 쌓은 후에는 식품가공 관련 업체를 창업하거나 연구·개발 업무의 전문적인 경험을 살려 대학에서 강의하기도 한다.

＊ 업무수행능력/관련지식/업무환경 적응과 관련 중요도 90이상의 능력만 표기

| 능력/지식/환경 | 해당능력 | 설명 |
|---|---|---|
| 업무수행능력 | 품질관리분석 | 품질 또는 성과를 평가하기 위하여 제품, 서비스, 공정을 검사하거나 조사한다 |
| 지식 | 생물 | 동.식물 또는 생명현상에 관한 지식 |
| | 식품생산 | 식용을 위해 동물이나 식물을 기르고 수확물을 채취하기 위한 기법이나 필요한 장비에 관련된 지식 |
| | 화학 | 물질의 구성, 구조, 특성, 화학적 변환과정에 관한 지식 |
| | 물리 | 공기, 물, 빛, 열, 전기이론 및 자연현상에 관한 지식 |

| 업무환경 | 위험한 상태 노출 | 위험한 상태(고압 전류, 가연성 물질, 폭발물, 화학물 등)에 노출되는 빈도 |
|---|---|---|
| | 업무처리 신속성 | (잠시 휴식을 취할 수 없을 정도의) 매우 빠른 속도로 업무를 처리해야 하는 빈도 |
| | 정밀성, 정확성 | 업무 수행을 위해 정밀하거나 정확한 것의 중요성 |
| | 업무량 과부하 | 과도하게 많은 양의 업무 처리를 위해 일과 후에도 일해야 하는 빈도 |
| | 일상 보호장비 착용 | 안전화, 보안경, 장갑, 귀마개, 안전모, 구명조끼와 같은 일상 보호 장비를 착용하는 빈도 |
| | 업무미래 | 업무가 앞으로 5년 후 어느 정도 존재할 것인지에 대한 예상 |
| | 건강 및 안전에 대한 책임 | 함께 근무하는 사람의 건강 및 안전에 대한 책임 |
| | 정신적 동일업무 반복 | 계속적이고 반복적인 정신적 활동(예, 회계장부의 기재사항 점검)의 중요성 |

출처: 커리어넷

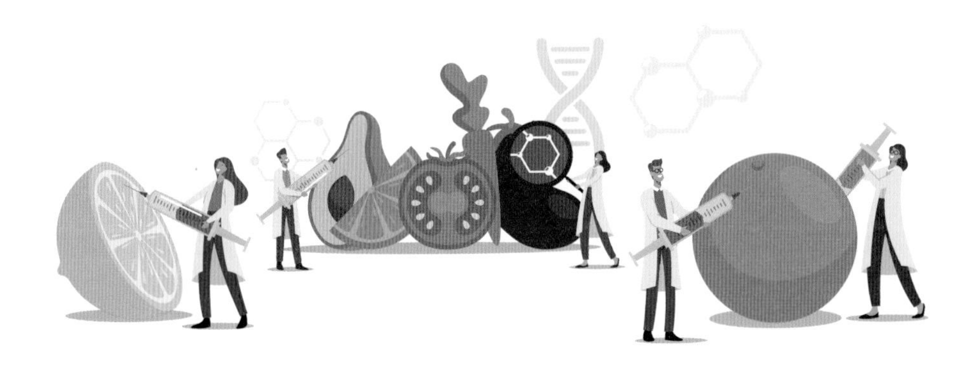

# 식품공학기술자에게 필요한 자질

## 어떤 특성을 가진 사람들에게 적합할까?

- 식품공학, 발효공학, 식품미생물학 등의 이론과 개념을 이해, 응용할 수 있는 학습 능력과 분석력, 통계적 방법을 이해하고 실제 적용할 수 있는 수리 능력 등이 요구된다.
- 꼼꼼한 성격을 가진 사람에게 유리하며 꾸준한 관찰과 끈기가 요구된다.
- 탐구형과 현실형의 흥미를 지닌 사람에게 적합하며, 정직, 스트레스 감내, 신뢰성 등의 성격을 가진 사람들에게 유리하다.

출처: 커리어넷

# 식품공학기술자와 관련된 특성

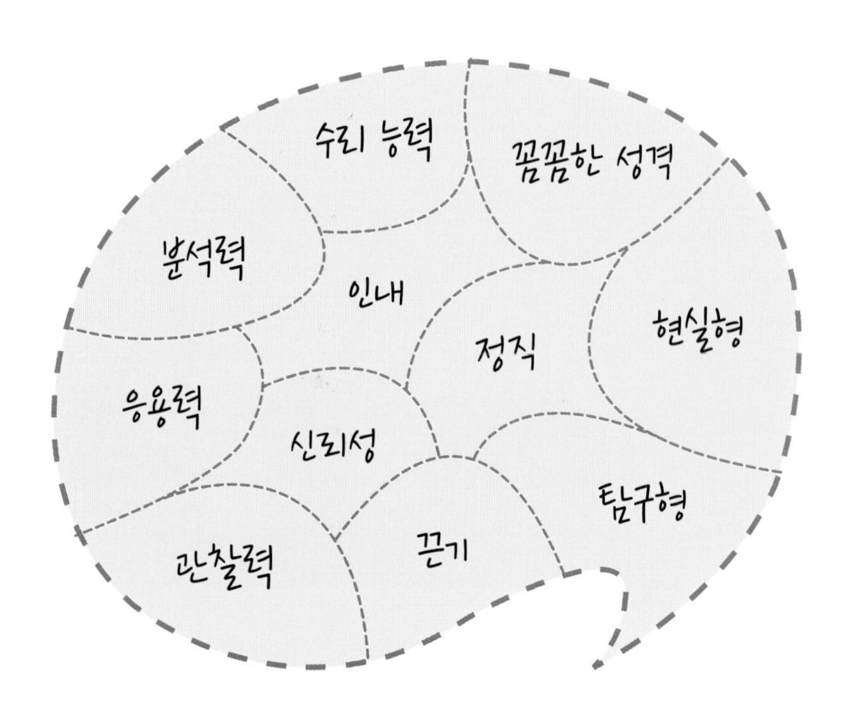

# 식품공학기술자가 되려면?

## ■ 정규 교육과정

- 식품공학기술자가 되기 위해서는 전문대학 또는 4년제 대학교의 식품공학, 식품가공학 등 관련 전공을 하는 것이 일반적이다. 연구·개발 분야에 종사하려면 식품공학 분야의 대학원 이상의 학력을 요구하기도 한다.
- 식품공학기술자가 되기 위해서는 식품공학, 발효공학, 식품미생물학 등의 이론과 개념을 이해하고 응용 능력이 있어야 하기에 이러한 교육은 대학의 식품공학, 식품가공학 등 관련 전공학과에서 교육받을 수 있다.

## ■ 관련 자격증

관련 자격증으로는 한국산업인력공단에서 시행하는 식품기술사, 식품기사, 식품산업기사, 식품가공기능사와 한국보건의료인국가시험원에서 시행하는 위생사가 있다.

### ◆ 식품기술사 자격증

• 기본정보

① 자격분류 : 국가기술자격증

② 시행기관 : 한국산업인력공단

③ 응시자격 : 제한 있음

④ 홈페이지 : www.Q-net.or.kr

• 자격정보

① 자격 개요

- 식품기술사란 한국산업인력공단에서 시행하는 식품기술사 시험에 합격하여 그 자격을 취득한 자를 말한다.
- 식품기술사는 소비자들에게 식품의 개발, 생산, 관리, 위생, 안전 측면을 고려한 최상의 식품을 제공하도록 식품 분야의 전문지식과 기술, 그리고 풍부한 실무경험을 갖춘 기술 인력을 양성하기 위해 제정된 국가기술자격이다.

② 주요 업무

- 식품기술사는 식품기술 분야에 관한 고도의 전문지식을 가지고 풍부한 실무경험에 따라 계획, 연구,

설계, 분석, 시험, 운영, 시공, 평가하는 작업을 행하며, 지도와 감리 등의 기술업무를 수행한다.

• 시험정보

① 응시자격: 응시자격에는 제한이 있다.

| 기술자격 소지자 | 관련학과 졸업자 | 비관련학과 졸업자 | 순수 경력자 |
|---|---|---|---|
| 동일(유사) 분야 기술사<br>기사 + 4년<br>산업기사 + 5년<br>기능사 + 7년<br>동일종목 외 외국자격취득자 | 대졸 + 6년<br>3년제 전문대졸 + 7년<br>2년제 전문대졸 + 8년<br>기사(산업기사) 수준의 훈련과정 이수자 + 6년(8년) | 폐지 | 9년<br>(동일, 유사 분야) |

※ 관련학과 : 4년제 대학교와 전문대학 이상의 학교에 개설된 식품공학, 식품가공학 등 관련학과

※ 동일직무분야 : 경영·회계·사무 중 생산관리, 음식 서비스

② 시험과목 및 검정방법

| 구분 | 시험과목 | 검정방법 및 시험시간 |
|---|---|---|
| 필기시험 | 식품의 생산가공, 식품산업의 계획, 식품의 보존, 저장, 평가 및 검사 등에 관한 사항 | 단답형 및 주관식 논술형<br>(매 교시 100분, 총 400분) |
| 면접시험 | | 구술형 면접시험(30분 정도) |

③ 합격 기준 : 필기 및 면접시험 - 100점을 만점으로 하여 60점 이상

④ 필기시험 면제 : 필기시험에 합격한 자에 대하여는 필기시험 합격자 발표일로부터 2년간 필기시험을 면제한다.

## ◆ 식품기사 자격증

• 기본정보

① 자격분류 : 국가기술자격증

② 시행기관 : 한국산업인력공단

③ 응시자격 : 제한 있음

④ 홈페이지 : www.Q-net.or.kr

• 자격정보

① 자격 개요

- 식품기사란 한국산업인력공단에서 시행하는 식품기사 시험에 합격하여 그 자격을 취득한 자를 말한다.

- 식품기사는 식품제조 가공기술이 급속하게 발달하면서 식품을 제조하는 공장의 규모가 커지고 공정이 복잡해짐에 따라 이를 적절하게 유지 관리할 수 있는 기술 인력이 필요하게 됨에 따라 제정된 국가기술자격이다.

② 주요 업무

- 식품기사는 식품기술 분야에 대한 기본적인 지식을 바탕으로 새로운 식품의 기획, 식품의 영양, 맛, 색깔, 상품 가치 등을 고려한 적합한 식품 재료의 선택, 조리 방법의 개발, 성분분석, 안전성 검사 등의 업무를 담당한다.
- 식품제조 및 가공공정, 식품의 보존과 저장공정에 대한 관리, 감독의 업무를 수행한다.

• 시험정보

① 응시자격: 응시자격에는 제한이 있다.

| 기술자격 소지자 | 관련학과 졸업자 | 순수 경력자 |
|---|---|---|
| 동일(유사)분야 다른 종목 기사<br>동일종목 외국자격취득자<br>산업기사 + 실무경력 1년<br>기능사 + 실무경력 3년 | 대졸(졸업예정자)<br>기사수준의 훈련과정 이수자<br>3년제 전문대졸 + 실무경력 1년<br>2년제 전문대졸 + 2년<br>산업기사수준 훈련과정 이수 + 2년 | 실무경력 4년<br>(동일, 유사 분야) |

※ 관련학과 : 4년제 대학교 이상의 학교에 개설된 식품공학, 식품가공학, 식품과학 등 관련학과
※ 동일직무분야 : 경영·회계·사무 중 생산관리, 음식 서비스

② 시험과목 및 검정방법

| 구분 | 시험과목 | 검정방법 |
|---|---|---|
| 필기시험 | ① 식품위생학<br>② 식품화학<br>③ 식품가공학<br>④ 식품미생물학<br>⑤ 생화학 및 발효학 | 객관식 4지 택일형,<br>과목당 20문항(과목당 30분) |
| 실기시험 | 식품생산관리 실무 | 필답형(2시간 30분) |

③ 합격 기준

- 필기 : 100점을 만점으로 하여 과목당 40점 이상, 전 과목 평균 60점 이상
- 실기 : 100점을 만점으로 하여 60점 이상

④ 필기시험 면제 : 필기시험에 합격한 자에 대하여는 필기시험 합격자 발표일로부터 2년간 필기시험을 면제한다.

출처: 커리어넷 / 자격증 사전

mini interview

## "식품공학기술자에게 필요한 자질은 어떤 것이 있을까요?"

톡(Talk)!
**권기성**

### 과학적 사고와 더불어 자기만의 식품 철학이 있어야 해요.

식품 전공이 매우 광범위하여 누구나 한마디쯤 거들 수 있는 비필수 전공으로 여겨지기도 합니다. 하지만 그 어떤 전공보다 과학에 근거를 두면서 한편으론 과학으로만 판단할 수 없는 미묘한 것들을 조합시켜야 하죠. 결국 균형감각을 잃지 않는 식품에 관한 자기만의 철학이 있어야 합니다.

톡(Talk)!
**남효원**

### 전문성도 중요하고 이해력과 정확성도 필요하죠.

제가 검토해 주는 법규에 대한 해석이, 사업장에서는 바로 현장 업무에 반영이 됩니다. 수십 명, 수백 명이 그 업무를 하고 있기에 전달해 주는 내용이 정확해야 하죠. 그리고 현장에서 기준이나 규격대로 안 되는 현실을 잘 이해하고 빨리 문제점을 찾아 함께 답을 찾아가야 하는 폭넓은 이해력과 정확도가 가장 중요해요.

톡(Talk)!
윤상진

## 호기심과 추진력이 중요해요.

식품공학뿐만 아니라 모든 공학 기술자에게는 호기심이나 추진력이 가장 필요한 자질이라고 생각합니다.

톡(Talk)!
김정옥

## 상대방을 이해하고 소통하는 능력이 중요합니다.

의사소통역량이라고 생각합니다. 영양수업과 영양 상담, 급식업무를 할 때 적극적으로 양방향 소통하는 것이 필요하죠. 그리고 급식을 운영할 때 피급식자의 소리를 귀담아듣는 것뿐만 아니라, 함께 근무하는 조리 종사자의 마음도 살펴서 즐거운 마음으로 조리할 수 있는 근무 여건을 제공해야 합니다. 수많은 소리를 조율하는 오케스트라 지휘자처럼 식생활관에서는 영양교사가 지휘자가 되어 많은 조리 종사자들의 소리를 귀담아듣고 하나의 소리로 결속하여 식판 위의 예쁜 꽃을 피울 수 있도록 해야 합니다.

A

톡(Talk)!
이예지

## 임기응변 능력과 꼼꼼함이 필수죠.

제가 생각하는 식품공학기술자에게 필요한 자질은 임기응변 능력과 꼼꼼함이라고 생각합니다.

공정관리를 할 때 기기에 문제가 생기거나 품질에 차질이 생길 수 있는 일이 갑자기 벌어질 수 있죠. 그럴 때 빠르게 대처할 수 있는 임기응변 능력이 손실을 최소화할 수 있기 때문입니다. HACCP 심사나 타업체 심사를 진행해야 할 때 그러한 부분에 유연하게 대처할 수 있는 능력이 필요해요. 또한 꼼꼼함은 사실 어느 직종에서나 필수적으로 꼽는 자질일 것입니다. 공정관리 시 확인해야 할 항목이 있지만, 어느 한 개라도 놓쳐 문제가 생길 시 전 제품이 출고하지 못하는 막대한 손실로 이어질 수 있습니다. 한 번의 실수가 큰 손실로 이어질 수 있고, 제품개발을 진행할 때도 0.01g의 단맛이 맛의 차이를 만들기에 꼼꼼한 태도가 중요한 자질이라고 생각합니다.

톡(Talk)!
이근배

## 호기심과 끈기 있게 분석하는 태도가 필요합니다.

일단 호기심도 있어야 하고, 분석하는 걸 좋아해야 합니다. 끈기도 필요하고요.

## 내가 생각하고 있는 식품공학기술자의 자질에 대해 적어 보세요!

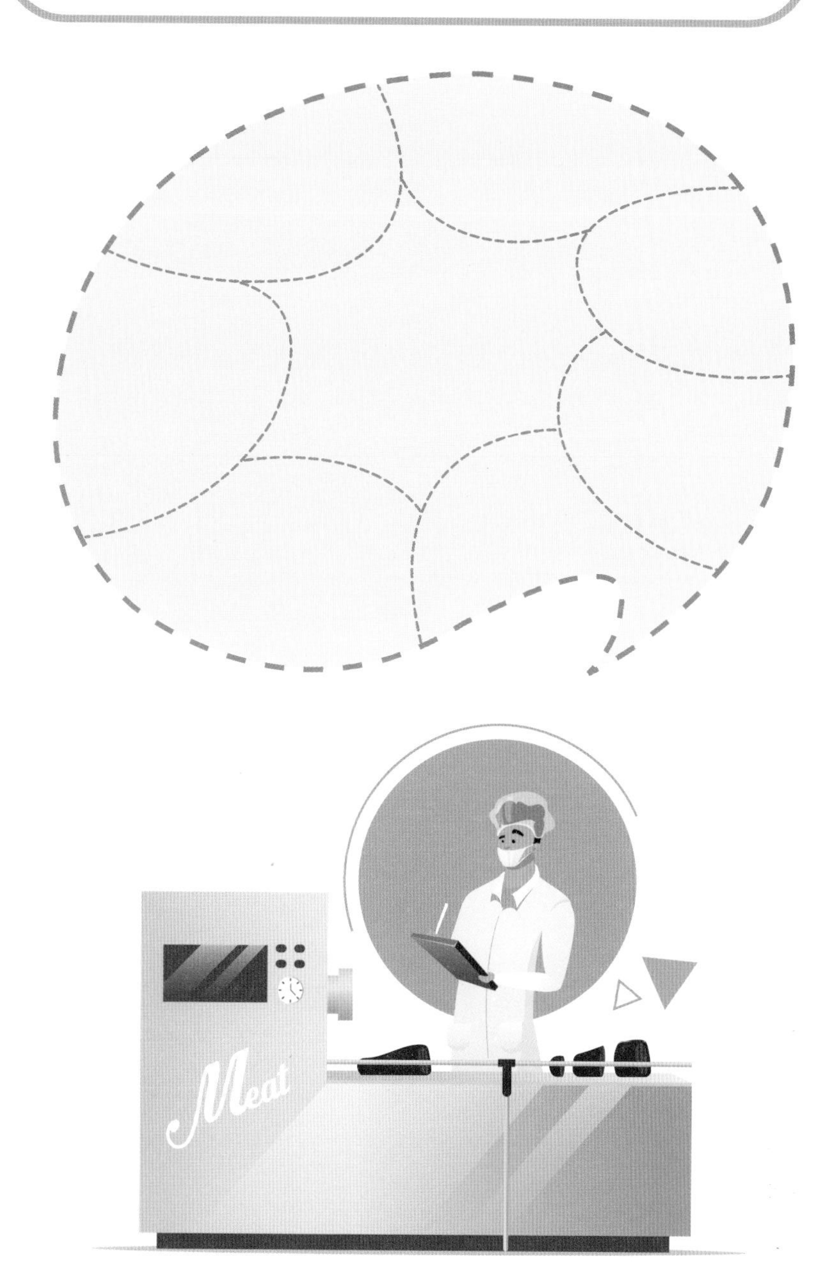

# 식품공학기술자의 좋은 점 • 힘든 점

톡(Talk)!
**윤상진**

| 좋은 점 |

**식품 산업은 다양한 분야에서 필요로 합니다.**

술은 사람들과 가까운 소비재로 많은 사람이 관심을 지니고 있습니다. 그렇다 보니 동창회에 가든지, 모르는 사람들과 만나든지, 이야깃거리가 풍부해집니다. 그리고 식품 산업이라는 신업계가 상당히 크고 넓기에 이직이나 퇴직 후에 재취업이 다른 업종보다 쉽죠. 최근엔 취미 삼아 전통주나 맥주, 포도주를 만드는 사람들이 있는데, 저희는 이쪽 방면에서 기본기가 탄탄합니다. 퇴직하신 선배 중에 "전통주 만들기"와 같은 강의로 용돈벌이하시는 분들도 꽤 계시고요.

톡(Talk)!
**권기성**

| 좋은 점 |

**식품 전문가로서 긍지가 좋아요.**

사람의 생명을 유지하는 데 단 하루도 없어서는 안 되는 것이 식품이죠. 특히, 영양학적인 요소를 제외하고도 최신의 식품 트렌드인 건강기능식품이나 편의식품, finger food 등에 관한 전문가로 일한다는 것이 어깨를 으쓱이게 합니다.

톡(Talk)!
**이예지**

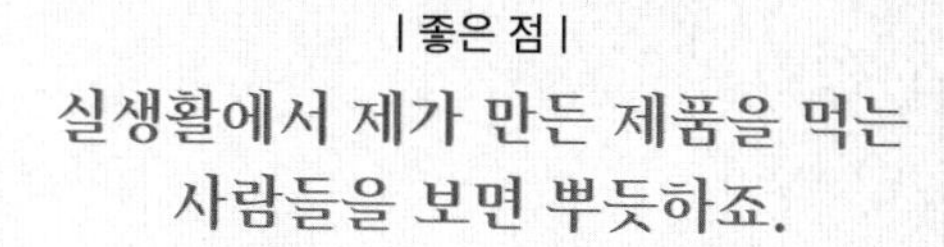

| 좋은 점 |

## 실생활에서 제가 만든 제품을 먹는 사람들을 보면 뿌듯하죠.

직접 식품을 개발하기도 하고 제가 관리 감독한 제품이 출고되어 수많은 사람이 먹는 것을 보면 보람과 성취감이 실생활에서 바로 느껴지죠. 그리고 회사에서 취급하는 식품을 마음껏 먹어 볼 수 있는 기회도 많답니다. 저는 주류회사기 때문에 막걸리는 물론 타사제품 분석을 위해서 타 회사 주류제품들을 먹어보는 관능검사를 진행하고 있습니다. 좋아하는 식품을 취급하는 회사에서 일한다면 더할 나위 없는 직업이라고 생각합니다.

톡(Talk)!
**남효원**

| 좋은 점 |

## 다양한 곳을 다니며 문제를 해결하는 것이 좋아요.

직업 특성상 업무의 50%는 현장 관련이라 외근이나 출장이 꽤 잦은 편이에요. 물론 춥고 더울 때는 힘이 들기도 하지만, 날씨 좋을 때는 전국 구석구석을 여행하듯이 다니며 새로운 사람을 만나고 일에 관해서 이야기하고 문제점을 찾아 해결해주고 필요에 따라 교육하기도 하죠. 어디를 가든지 내 사무실이 될 수 있는 점이 매우 큰 매력이에요.

톡(Talk)!
김정옥

| 좋은 점 |

## 제 소신대로 영양 식단을 짤 수 있어서 행복해요.

영양교사의 장점은 첫째 정년 보장, 둘째 근무 여건, 셋째 학생들의 건강한 식생활을 위해 교육하고 지도한다는 점, 넷째 손익 계산을 통한 회사의 이익을 위해서가 아닌 오로지 영양 가득한 밥상만을 목적으로 식단을 구성할 수 있다는 점입니다. 세 번째 장점의 경우 영양교사가 되기 전 산업체 영양사로 근무할 때는 성인을 대상으로 급식하기에 배식 시간에 급식 지도가 아닌 홀라운딩이라는 단어를 사용했습니다. 즉, 급식 지도가 아닌 고객이 불편한 점을 홀라운딩하며 살피는 것, 즉 영양 서비스 제공이 주목적이었죠. 실제로 영양 서비스보다는 컴플레인 대응의 연속으로 무력감을 느낀 적이 많았지만, 영양교사가 되어 급식 지도를 하니까 영양 전문가로서의 소임을 다할 수 있어서 기쁩니다. 네 번째는 회사 소속 영양사라면 어쩔 수 없이 손익을 남겨야 하는 구조입니다. 목표 음식 재료비를 설정해 손익을 내는 데 신경을 쓰다 보면 더 중요한 것을 놓칠 수도 있거든요. 학교에 오니 무상 급식비를 오로지 음식 재료에만 모두 사용할 수 있어서 '영양'에 집중하여 식단을 구성할 수 있어서 행복합니다.

톡(Talk)!
이근배

| 좋은 점 |

## 전문성으로 인정받고, 안정적입니다.

특화된 분야의 전문성을 가지고 있으므로 회사 내에서 전문가 그룹으로 인정받습니다. 쉽게 대체할 수 없는 인력이라 타 부서발령이 나지 않는 등 직장생활이 안정적입니다.

톡(Talk)!
**윤상진**

| 힘든 점 |

### 업무 특성상 심신이 힘들 수 있어요.

남들은 밤에 술 마시고 자고 나면 아침에 술이 깨는데, 저희는 낮술을 많이 마셔야 합니다(관능검사). 남들은 매일 공짜로 낮술 마셔서 좋겠다고 하는데, 술이 깨는 과정에서 온갖 안 좋았던 과거의 기억들이 떠오르곤 합니다. 술은 발효과정 관리 때문에 24시간 관리가 필요합니다. 그래서 현장직들은 8시간씩 3교대로 온종일 근무하죠. 관리자들도 당번이라고 해서 교대로 남아있는 때도 있고요. 심신이 힘들 수 있습니다.

톡(Talk)!
**이예지**

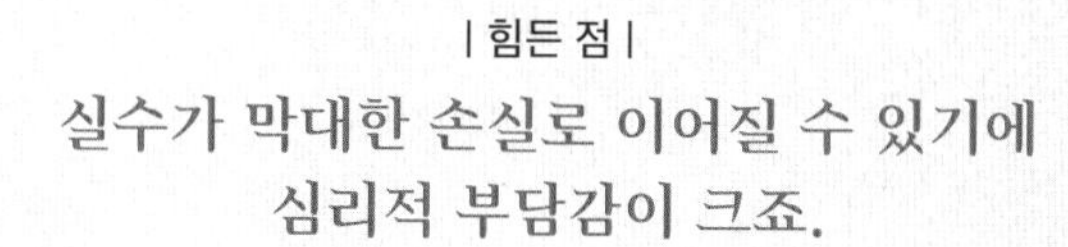

| 힘든 점 |

### 실수가 막대한 손실로 이어질 수 있기에 심리적 부담감이 크죠.

한 번의 실수가 전체 제품의 출고 여부를 결정지을 수 있기에 굉장히 신중하고 꼼꼼해야 합니다. 막대한 손실로 이어질 수 있다는 큰 책임감을 지니고 업무에 임해야 하는 부담감이 있을 수 있죠. 대부분의 식품공장은 서울보다 수도권 근교에 있어서 출퇴근하면서 일할 수 있는 경우가 드붊니다. 대부분 회사 기숙사나 자취 생활을 해야 하는 점이 힘들 수 있겠네요. 그리고 연봉이 타 직업 품질관리나 개발직군에 비해 높지 않을 수 있습니다.

톡(Talk)!
**김정옥**

| 힘든 점 |

## 식중독이나 알레르기 환자에 대한 안전사고에 신경을 곤두세워야 하죠.

영양교사의 단점은 첫째 식품 알레르기 유병 학생 관리, 둘째 다양한 연령층을 대상으로 한 급식, 셋째 식중독 취약 계층이라는 점입니다. 단점으로 꼽긴 했지만, 정확하게 말씀드리면 더 각별한 주의를 해야 하는 포인트입니다. 첫 번째, 식품 알레르기의 경우 학생뿐만 아니라 성인에게도 일어날 수 있지만, 성인은 본인이 스스로 피해서 음식을 선택할 수 있습니다. 하지만 5세 유치원에서부터 초등학생까지는 특히 식품 알레르기 유발 음식을 철저히 배세할 수 있도록 교육도 해야 하죠. 급식 지도도 해야 하는데 짧은 급식 시간에 많은 학생이 몰려오는 타임에 해당 학생을 놓치기라도 한다면 큰 안전사고로도 이어질 수 있기에 주의해야 합니다. 두 번째는 제가 근무하는 학교는 병설 유치원이 있고 80대 시설 주무관님이 계시는데 5세부터 80세까지 만족하는 식단을 구성하는 것에 관한 고민이 늘 있습니다. 모두의 입맛을 만족시키긴 어렵다는 것은 알고 있었지만, 연령층이 이렇게 다양한 환경에서 식단을 어떻게 구성해야 만족도를 조금이라도 더 높일 수 있을지 많은 고민이 되죠. 세 번째는 나이가 어릴수록 소화기와 면역력이 약한 경우가 많답니다. 학생들은 식중독에 좀 더 취약한 계층이기 때문에 위생과 안전에 있어서 조금의 빈틈이 없도록 두 배로 더 노력해야 한다는 것입니다.

톡(Talk)!
**권기성**

| 힘든 점 |

### 다른 기술에 비해 아직은 처우가 미비해요.

식품 기술이 쉽게 여겨지고, 누구나 한마디씩 거드는 매우 가벼운 영역이 된 것 같아서 아쉽지요. High Technology가 아닌 학문으로 오해받는 것이 안타까워요. 더욱이 전자나 기계, 금융업과 비교해볼 때 연봉(수입)이 다소 낮다는 현실이 단점이라 할 수 있겠네요.

톡(Talk)!
**남효원**

| 힘든 점 |

### 저의 방문으로 긴장감이 돌기도 합니다.

제가 사업장에 방문하면 사실 반가운 손님은 아니죠. 점검하러 온 거니까요. 불시점검이라는 명분이지만, 불쑥 찾아와서 본인의 공간을 뒤지고 찾아내고 사진을 찍어대는데 좋아할 사람이 누가 있겠어요? 점검하는 동안 묘한 긴장감이 흐르기도 하고, 결과를 알려줄 때는 서로 예민해지기도 하죠. 그런 부분이 어려운 점일 수 있겠네요.

톡(Talk)!
**이근배**

| 힘든 점 |

### 회사 내에서 다양한 분야를 경험하기가 어려워요.

다양한 분야에 발령받으면 다양한 분야를 경험할 기회가 있겠지만, 그렇지 못해서 아쉬운 점은 있죠. 따라서 회사 내에서 인맥 인프라가 타 부서에 비해 적을 수밖에 없습니다. 발령이 많을수록 많은 사람과 접촉할 기회가 생기니까요.

# 식품공학기술자의 취업현황

◆ 입직 및 취업방법

- 식품공학기술자는 식품제조 및 가공업체, 식품유통업체, 식품의약품안전청 등의 정부기관과 기업체의 식품관련연구소, 식품위생검사기관, 품질검사기관 등에 진출할 수 있다.
- 연구 · 개발 분야에 종사하려면 식품공학 분야의 석사학위 이상 소지자에 한해 채용하기도 한다.
- 식품의약품안전청의 제한경쟁특별채용시험을 통해 식품연구사(연구직 공무원)로 진출할 수 있다.

◆ 근무환경

연구·개발이나 시험 업무를 하는 경우, 성분 분석 등을 위한 각종 실험 기자재나 식품 개발에 필요한 설비를 갖춘 연구실에서 근무한다. 각종 약품을 사용해 성분을 분석하거나 신제품 연구 개발을 위해 주방 시설이 갖춰진 곳에서 직접 조리하기도 한다. 소비자의 반응을 살피기 위해 현장에서 시장조사를 하기도 한다. 식품 생산과정 등을 관리하는 경우, 각종 식품생산 공장에서 근무한다.

◆ 고용현황

식품공학기술자 및 연구원의 종사자 수는 7,000명이며, 생활 수준이 높아질수록 식품에 관한 관심도 높아지는데 특히 안전한 먹을거리에 대한 높은 관심이 인력 고용 증가로 나타나 향후 10년간 고용은 연평균 1.2% 증가할 것으로 전망된다.

## 성별

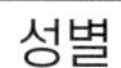
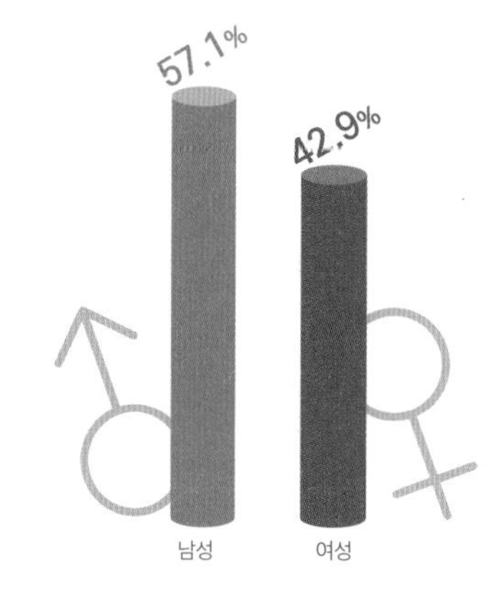


## 학력

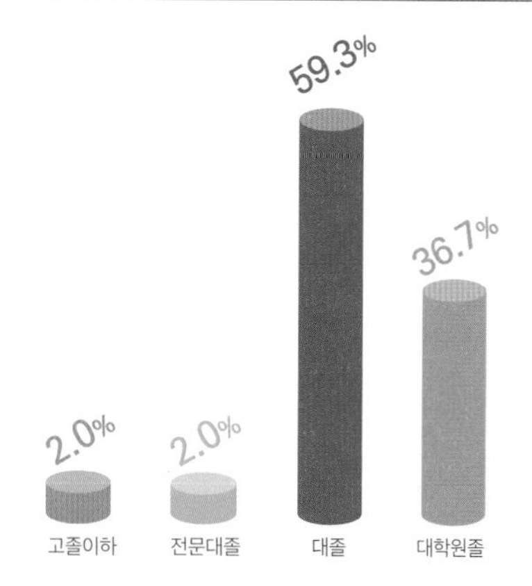


## 연령

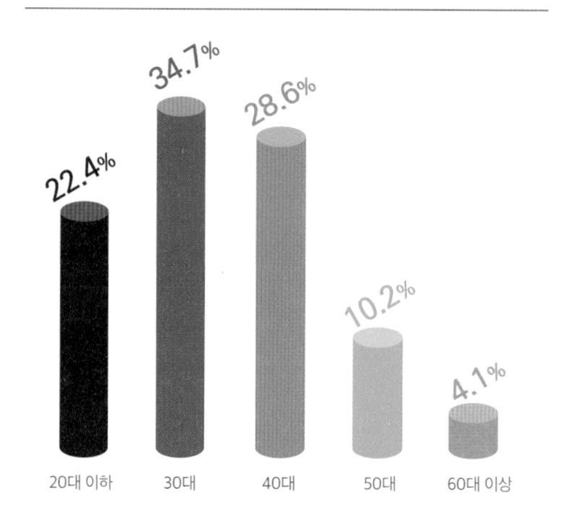


식품공학기술자 및 연구원은 남성 비율이 약간 높고, 30대 이하 근로자의 비율이 가장 높다. 학력은 대졸 이상인 경우가 많으며, 종사자의 임금 중앙값은 월 330만 원으로 나타났다.

## 임금(연봉)

식품공학기술자 및 연구원의 평균연봉(중윗값)은 4,245만 원이다.

- ·하위(25%) 3,451만 원
- ·평균(50%) 4,245만 원
- ·상위(25%) 4,943만 원

출처: 워크넷 직업정보
자료: 통계청(2017), 『지역별고용조사』

# 식품공학기술자의

## 생생 경험담

# 미리 보는 식품공학기술자들의 커리어패스

**권기성** 교수

동국대학교 식품공학과 학사,
동국대학교 식품공학과 석사

롯데그룹중앙연구소 연구원,
Texas A&M University 박사
(식품화학 전공)

**윤상진** 연구원

고려대학교 식품공학과 학사

강원대 대학원 식품공학과 석사

**이근배** 점장

단국대학교 식품영양학 학사
연세대학교 보건학 석사

단국대 식품화학전공 박사수료,
국립보건원 식품규격과 근무,
신세계 상품과학연구소 근무

**남효원** 대리

계명대학교 식품가공학/
식품영양학 학사

계명대학교 일반대학원
식품가공학과 석사

**김정옥** 영양교사

울산대학교 식품영양학 학사

삼성에버랜드 영양사

**이예지** 연구원

세종대학교 바이오융합공학과

식품기사, 위생사 자격증 취득

식품의약품안전처, 식품의약품안전 평가원 연구직 공무원

현) 차의과학대학교 식품생명공학과 교수

강원대학교 식품공학 박사

현) 하이트진로(주) (25년 근무)

신세계 상품과학연구소장,
SSG 목동점장,
경기 신세계 식품팀장

현) 이마트 PK마켓점장

㈜베니건스 교육팀 위생담당 3년,
㈜남양유업 생산팀 품질관리 3년

현) 한화호텔앤드리조트 품질경영팀 대리

삼성웰스토리 영양사

현) 월천초등학교 영양교사,
<영양교사 긍정옥> 유튜브 운영,
전국 교사 크리에이터 협회 정회원

세종나누리 7기 / 8기
봉사단 활동 외 다수

현) (주)우리술 근무
식품개발 및 품질관리 업무

어린 시절에 가난하였지만 가정과 자식을 소중히 여기신 부모님의 영향으로 학업적 성취를 이루며 학창 시절을 보냈다. 대학에 가서는 유기화학, 생화학에 흥미를 갖게 되어 현재 직업을 갖게 되었다. 유학 시절 생화학 전공을 염두에 두고 석사과정부터 시작하였지만, 한국으로 돌아온 이후 식품에서 미래의 발전 가능성을 보았다. 졸업 후에는 롯데그룹중앙연구소에서 일하면서 다양한 신제품 개발업무를 했으며, 그 후에 식품의약품안전처에서 식품의 안전성을 확보하고 국민의 건강을 지키는 업무를 하였다. 현재는 대학교 교수로서 학생들을 가르치면서 연구 프로젝트를 기획하고 학생들의 취업 활동에도 관여하고 있다.

---

## 차의과학대학교 식품생명공학과

# 권기성 교수

현) 차의과학대학교 식품생명공학과 교수

- 식품의약품안전처, 식품의약품안전평가원 연구직 공무원
- 롯데그룹중앙연구소 연구원
- Texas A&M University 박사 (식품화학 전공)
- 동국대학교 대학원 식품공학과 석사
- 동국대학교 식품공학과 학사

# 식품공학기술자의 스케줄

**권기성**
교수의
**하루**

06:00 ~ 9:00
▸ 기상 및 출근

09:30 ~ 12:00
▸ 강의 준비 및 강의

12:00 ~ 13:00
▸ 점심식사

13:30 ~ 16:00
▸ 강의, 연구 및 저서 집필 등 기타 활동

16:00 ~ 20:00
▸ 귀가 및 휴식

20:00 ~ 24:00
▸ 독서, 식품관련 기사 등 탐색

# 뜻을 높이 세우고 기죽지 말라!

▶ 배재중학교 졸업식

▶ 고등학교 졸업 사진

▶ 대학 졸업식 때 인턴했던 실험실 교수님과 동료들(오른쪽 첫번째)

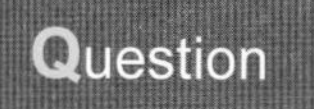


## 어린 시절에 꿈이 있었나요?

꿈을 꾸기에는 가정 및 주위 환경이 어려웠다는 생각이 들지만, 지금처럼 학원이나 방과 후 활동이 없어서 주로 학교 수업 이후에는 동네 친구들과 즐겁게 놀면서 지냈었죠. 막연하게나마 열심히 공부해서 가난에서 벗어나려고 다짐했던 것 같습니다.

Question

## 부모님은 어떤 분이셨나요?

아버지는 공무원으로 근무하면서 가장의 역할을 묵묵히 하시며 속내를 잘 드러내지 않는 분이셨죠. 어머니는 경제적으로 어려운 가정을 돕기 위해 동분서주하셨던 다소 활달하신 분이었어요. 두 분 다 여느 부모님들처럼 가정과 자식을 중요히 여기신 분이셨습니다.

Question

## 부모님의 기대 직업은 무엇이었나요?

부모님은 제가 단지 좋은 직장에 취직해서 평범한 직장인으로 지내길 원하셨어요. 하지만 저는 대학교 재학 시절부터 공부를 계속하여 학위를 갖고 대학교수가 되고자 했죠. 대학교 2학년부터 생화학 실험실 인턴으로 들어가서 교수님의 실험을 도우면서 학문에 대한 꿈을 키우게 되었습니다.

## Question 진로 선택하는 과정에서 중요한 멘토가 있었나요?

불운하게도 직접적으로 영향을 미친 멘토는 없었어요. 막걸리 먹으며 인생에 대하여 열심히 토론했던 친한 친구들이 멘토였고, 성공하신 분들을 다룬 많은 책이 멘토였다고 할 수 있겠네요. 특히 기억나는 것은 퇴계 이황의 수신십훈(修身十訓) 중에서 첫 번째 입지입니다. “뜻을 높이 세우고 성현을 목표로 하고 털끝만큼도 자신이 못났다고 생각하지 말라”는 말씀이 저를 지켜주고 위안을 준 교훈이었죠.

## Question 식품공학을 전공하게 된 이유가 있을까요?

중고등학교 때에는 영어, 국어에 흥미를 느꼈고 성적도 우수했어요. 대학에 가서는 유기화학, 생화학에 흥미를 갖게 되어 현재 직업을 갖게 되었습니다. 식품 관련학과를 지원한 특별한 계기는 없었지만, 인문계 진학보다는 취업이 수월하다는 막연한 생각을 했어요. 진심으로 대학, 대학원에서 화학을 기반으로 하는 식품이 매우 흥미롭고 발전 가능성이 있는 학문이라 느꼈죠. 지금까지 식품 관련 공무와 직무를 수행한 이유는 순수하게 화학, 생명 등의 학문이 항상 호기심을 갖게 하는 흥미로운 학문이라 생각했기 때문입니다.

## Question 대학 생활을 어떻게 보내셨나요?

대학 1학년 때, 열심히 대학 생활을 즐기면서 미래와 전공에 대하여 고민했던 기억이 납니다. 2학년 이후는 전공에 대한 호기심이 점점 증가했고요. 대학 시절 서울의 주요 대학의 식품 관련학과 학생들과 스터디 동아리 활동을 하면서 즐겁고 유익한 시간이 많았죠.

# 연구원에서 공무원, 그리고 교수로

▶ 미국 유학시절 실험실에서 일하고 첫번째 paycheck 받은날 기념

▶ 식약처 근무시 네덜란드 국제회의(CODEX) 한국 수석대표로 참여

▶ 식약처 근무시 미국 농무성과 업무협약(MOU) 참여 (오른쪽 첫번째)

## Question 미국 유학 시절엔 생화학을 전공하셨다고요?

네. 유학 당시는 생화학 전공을 염두에 두고 석사과정부터 다시 시작했답니다. 하지만 한국으로 돌아온 이후의 직업 선택 등 여러 가지 여건을 고려했고, 많은 고민 끝에 식품을 전공하기로 했어요. 언어, 공부, 가정(경제), 장학금 등 여러 가지로 힘들었지만, 운이 좋게도 입학 후 실험실 technician, research assistantship을 얻어 경제적으로 큰 걱정 없이 공부할 수 있었습니다.

## Question 유학하면서 어렵진 않으셨나요?

기억에 남는 것은 장학금을 줄 수 있는지 가슴 조이며 교수들을 찾아다니면서 때로는 좌절했었죠. 열심히 공부했는데 원하는 성적을 받지 못하였을 때의 자책감도 기억나고요. 하지만 전반적으로는 즐겁고 보람 있었습니다. 결코 후회 없는 결정과 추억이 많이 있죠. 이때 가슴에 새긴 나의 좌우명은 "This, too, shall pass away!(이 또한 지나가리라!)" 입니다.

## Question 졸업 후, 직장 이력에 관해 자세히 알고 싶습니다.

대학원 졸업 후에는 롯데그룹중앙연구소에서 일했습니다. 식품공학기술자로서 쥬스 등 각종 음료와 햄, 소시지 등 육가공 신제품 개발업무를 했어요. 그 후에 식품의약품안전처에서 이력을 쌓았죠. 식약처에서는 건강한 식품을 제조하기 위한 정책을 수립하고 식품으로부터 유래될 수 있는 유해 물질을 검사합니다. 또한, 연구 사업을 통해 식품의 안전성을 확보하고 국민의 건강을 지키는 업무를 하게 되죠. 현재는 대학교 교수로서 학생들에게 지식과 유익한 정보를 제공하기 위하여 자료를 준비하고 강의합니다. 연구프로젝트를 주로하고 학생들과의 면담을 통해 취업 활동에도 도움을 주고 있습니다.

## 롯데그룹중앙연구소에서 식약처 공무원으로 이직하시게 된 이유가 있나요?

대학원(석사) 졸업 후 사회 첫 직장인 롯데그룹중앙연구소에서의 생활은 기대에 부풀었고, 호기심도 가득했었죠. 하지만 시간이 흐를수록 현실과 기대와의 간격, 벅찬 업무와 미래에 대한 불확실성으로 회의를 느꼈던 것 같아요. 그 시기에 학생 시절 꿈꾸었던 학문에 대한 열정이 살아나면서 모험 아닌 모험으로 주변의 만류를 뿌리치고 다소 늦은 나이에 유학을 결심하고 준비했습니다.

Question

## 직장생활은 어떠셨나요?

식품연구소 재직 중에는 새로운 신제품 개발을 위해 밤새 시제품을 만들고 길거리 관능 평가를 하면서 재미 이상의 것을 얻었죠. 공무원 시절에는 국민의 생활과 건강에 영향을 미치는 중요한 업무를 한다는 자부심도 있었고요.

Question

## 식약처에서 오랫동안 근무하시면서 애로점이 있으셨나요?

식약처에서는 식품 안전과 위생을 주로 관리하면서 항상 식품위생 사건에 관해 매우 민감했었죠. 소비자 역시 위생에 대한 눈높이가 높아져서 매일 국내외 언론 보도에 촉각을 곤두세우게 되고 집단 식중독, 유해 물질 검출 등의 사고가 발생할 때는 주야를 막론하고 신속히 대응하는 것이 괴롭고 힘든 일이었습니다.

## 현재 대학교에서 지도하시는 수업에 관해 설명 부탁드립니다.

식품 전공 학도에게 가장 기본이 되는 “식품화학”, 식품 산업현장에서 식품 안전과 관련하여 중요한 “식품위생법규”, “식품독성학”, 식품개발을 위한 “식품품질과 관능과학”에 대하여 강의와 실습을 지도합니다.

Question

## 대학 강의 외에 특별한 외부활동이나 연구 활동도 있을 텐데요?

교내외 연구프로젝트를 일부 수행하기도 하고, 외부 산업체와 공기업의 기술고문이나 위생 관련 위원회에서도 활동합니다.

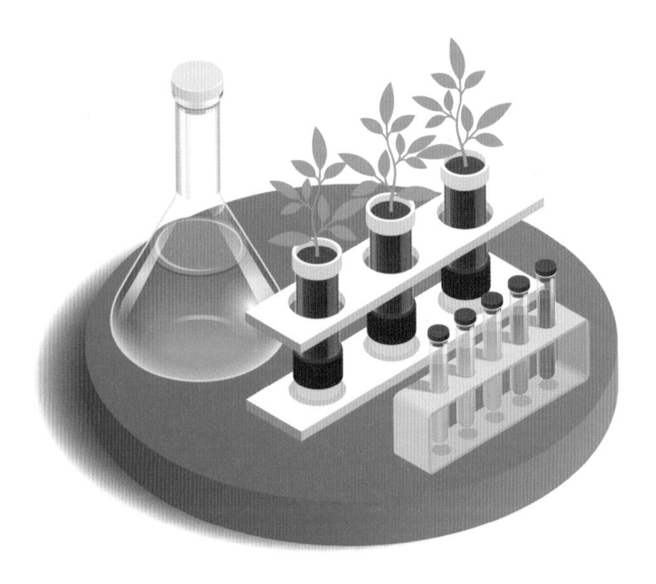

▶ 식약처 근무 우수공무원 대통령상 수상

**식품은 독이 되기도 하고, 득(약)이 되기도 한다**

▶ 차의과학대학교 신입생 환영회

▶ 산업체(하이트 진로) 공장견학

Question **식품기술자가 되는 방법과 근무 여건이 궁금합니다.**

졸업 후에 식품기술자가 되는 방법은 대체로 식품회사의 생산, 품질관리, 연구소 업무를 하면서 역량을 키우게 됩니다. 식품위생직과 관련된 공무원 업무를 선택할 수도 있겠네요. 근무환경이나 연봉은 다른 직종의 회사와 유사해요. 가장 중요한 건 자신만의 보람과 비전이 아닐까요?

Question **식품에 관한 철학이 있으시다면 무엇인가요?**

식품은 일단 우리 일상생활과 매우 밀접한 관계를 맺고 있죠. 잘못된 정보로 인해 많은 사람이 식품에 대한 실상과 허상을 잘 구별 못 하는 예가 많아요. 식품은 동전의 앞뒤면과 같아서 때로는 해가 되기도 하고, 때로는 매우 중요한 득(약)이 되기도 하죠. 즉, 식품의 유래와 정확한 정보를 이해하는 것이 중요합니다. 제가 주변에 강조하는 말은 미국의 Victor Lindlahr가 쓴 책 제목인 "You are what you eat (당신은 당신이 먹는 것에 의해 좌우된다)"입니다.

Question **일하시면서 가장 보람 있었던 경험은 어떤 것일까요?**

공직에서는 제가 수행하는 업무가 국민과 산업체를 대상으로 매우 긍정적인 영향을 준다는 사명감과 보람이 있었죠. 교수로서는 학생들에게 강의와 상담을 하면서 그들을 이해하고 도움을 주는 게 새로운 보람입니다.

## Question 여가에 어떤 취미활동을 하시는지요?

특별한 스트레스 해결 방법은 없지만, 가끔 산행하거나 골프, 테니스 등 운동을 통해 몸과 마음을 지키려고 합니다.

## Question 향후 교수님의 삶의 비전을 알고 싶습니다.

저는 지금까지 식품 관련 공부나 식품 기술자로서 업무를 30년 이상 해왔습니다. 앞으로는 재능기부의 마음을 품고 국내 중소기업에 식품 기술을 전수하고 싶어요. 또한, 저개발국의 현장에 도움을 주는 것도 생각하고 있습니다.

## Question 직업으로서 식품공학기술자의 매력은 무엇인가요?

자동차, 컴퓨터, 스마트폰 등은 우리 생활을 편리하게 해주죠. 하지만 식품은 단 하루도 없어서는 안 되며, 최근엔 건강기능식품 개발과 위생적 식품 제조환경에 관한 관심이 고조되면서 식품공학자의 할 일은 무궁무진합니다.

## Question 학생들에게 해주고 싶은 말씀이 있나요?

성공과 보람은 멀리 있는 것이 아니고 바로 지금 가까운 미래에서 기다리고 있어요. 계획을 세워 노력하다 보면 더욱더 새로운 계획이 생기고 결국 큰 성취를 이루게 된답니다. 처음부터 커다란 계획이나 목표설정이 필요한 것은 아닌 것 같아요. 바로 지금 계획하고 열심히 하는 게 중요합니다(step by step).

대학 졸업 후, 주류회사에서 25년간 식품공학기술자로 근무하고 있다. 식품 공학박사를 취득하였으며 식품기술사와 포장기술사 자격증을 갖고 있다. 학사로 회사에 취직하였으나, 석, 박사와 자격증은 모두 회사 재직 기간 중에 취득하게 된다. 정부에서 HACCP을 강하게 추진할 때 회사에서 HACCP을 담당한 공로를 인정받아 한국식품안전관리인증원에서 자문위원을 했었고, 식품의약품안전처장 표창을 받기도 하였다. 또한, 여러 자격증 덕에 NCS(국가직무능력표준) 관련해서 맥주와 증류주 학습 모듈에 관하여 집필하였다. 2018년에는 바텐더, 소믈리에 개발책임자로 학습 모듈 제작에 참여하기도 하였다. 앞으로 자기 경험과 지식을 다른 사람들에게 전달하기 위해 교수나 컨설턴트를 준비하고 있다.

---


하이트진로(주) 연구소

## 윤상진 부장

현) 하이트진로(주) (25년 근무)

- 강원대학교 식품공학 박사
- 강원대 대학원 식품공학과 석사
- 고려대학교 식품공학과 학사
- 2018 바텐더, 소믈리에 개발책임자 NCS(국가직무능력표준) 학습모듈 제작 참여
- 2017 식품의약품안전처장 표창
- 2016 한국식품안전관리인증원 1년간 자문위원
- 2015 맥주, 증류주 NCS(국가직무능력표준) 학습모듈 집필
- 식품기술사, 포장기술사

# 식품공학기술자의 스케줄

**윤상진** 부장의 **하루**

05:00~06:00
▸ 기상 및 출근
06:00 ~ 9:00
▸ 회사 도착, 독서
(책 읽는 걸 좋아해서
일찍 출근)

09:00 ~ 12:00
▸ 회사 오전 업무

12:00 ~ 13:00
▸ 점심식사

13:00 ~ 18:00
▸ 회사 오후 업무, 퇴근

18:00 ~ 22:00
▸ 개인적인 일
(산책, 칼럼 작성,
저술 등)

22:00 ~
▸ 취침

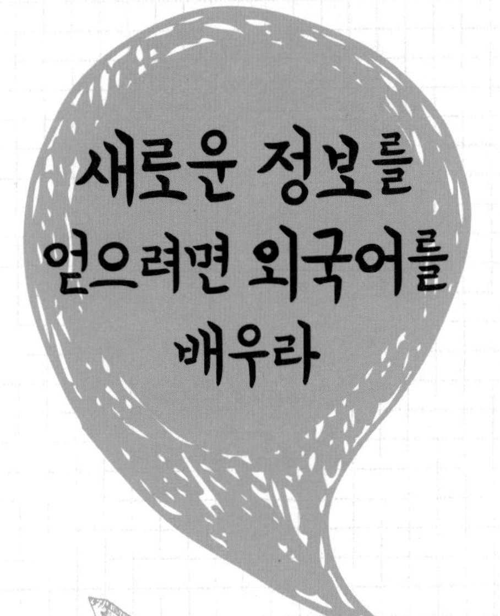

# 새로운 정보를 얻으려면 외국어를 배우라

▶ 돗토리에서 코난 흉내 내기

▶ 아이들과 함께 뚝섬 수영장에서

▶ 마산공장 근무할 때 직원들과 바다낚시 가서

▶ 아이와 함께

## Question 어린 시절은 어떠셨나요?

3형제 중 둘째로 아무 흔적 없이 사는 게 익숙한 성향이었죠. 성적도 중간이었고, 가정 환경은 어릴 때는 안 좋았어요. 그런데 아버지가 회사에서 진급을 빨리하셔서 고등학교 때는 좀 부유한 편이었습니다.

## Question 학창 시절을 어떻게 보내셨나요?

중고등학교 때는 조용한 성격이었어요. 공부를 좋아하지는 않았지만, 굳이 꼽으라면 생물 과목을 좋아했습니다. 꿈보다는 점수에 맞춰서 대학교와 학과를 선택하는 평범한 학생이었고요. 대학교 때는 학생운동을 하느라 좀 요란한 성격이었죠.

## Question 부모님의 기대 직업이 있었나요?

부모님이 저에게 무엇이 되라고 말씀하신 기억은 없습니다. 개인적으로는 영어와 일어를 잘했기 때문에 무역회사에 들어가고 싶었죠. 회사에 다니면서도 1~2년은 삼성물산과 현대종합상사에 계속 지원하기도 했어요.

## Question 진로 결정 시, 도움을 준 활동이나 사람이 있었나요?

원래 무역회사 취업이 꿈이었기 때문에 초기에는 식품 분야에 큰 매력은 느끼지 못하고 있었습니다. 그러다가 결혼하고 나서 장인어른의 영향으로 식품기술사를 취득하게 되었죠. 그때 "유레카" 식품 산업의 모든 것들이 새롭게 보이더군요.

## Question 식품 관련 학과를 전공하게 된 계기는 무엇이었나요?

그냥 점수에 맞춰서 갔습니다.

## Question 대학 생활은 어떠셨나요?

대학 1, 2학년 때는 학생운동 한다고 공부와는 관계가 멀었죠. 다행히 학사경고는 안 받았지요. 3, 4학년 때는 향후 먹고 살 걱정에 가까스로 장학금 받을 정도로 공부했습니다. 그때까지도 꿈은 없었죠.

## Question 직장생활 중 특별히 기억에 남는 에피소드가 있으신지요?

일본인 고문이 5년 정도 우리 회사에 근무하신 적이 있었어요. 그때 통역을 하려고 이곳저곳 많이 따라다녔었죠. 그런데 통역이라는 게 처음엔 어렵지만, 계속하다 보면 매번 했던 말이 자주 반복이 된답니다. 나중엔 그분이 무슨 말씀을 하실지 예상할 수도 있었죠. 그런데 나중에 알고 보니 그분이 하신 말씀 대부분 어떤 일본 책의 내용이었습니다. 저는 결국 그 책 한 권(800페이지 정도)을 달달 외우게 되었지요.

## Question 식품공학기술자가 되기 위해 어떤 준비를 해야 할까요?

화학과 생물을 열심히 공부하면 꽤 도움이 됩니다. 개인적으로는 외국어가 중요한 것 같고요. 식품이나 바이오는 우리나라가 직접 연구한 것보다 외국에서 연구된 것을 받아들인 것이 많아요. 그래서 외국어 능력은 새로운 것을 만나는 좋은 기회를 줍니다.

# 회사는 나의 놀이터

▸ 금메달리스트와 함께

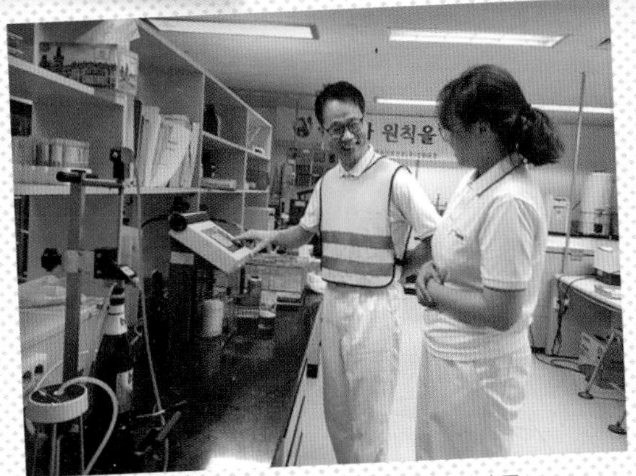

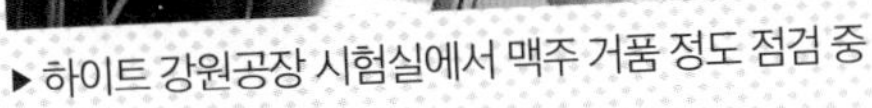

▸ 하이트 강원공장 시험실에서 맥주 거품 정도 점검 중

▸ 호프 꽃과 함께 (호프는 맥주의 쌉싸름한 향과 맛에 결정적인 영향을 준다)

Question

## 이전의 커리어가 현 직업에 미친 영향이 있었나요?

자격증 취득이 가장 큰 영향을 미쳤습니다. 어리석게도 학창 시절에는 아무 자격증도 준비하지 않았어요. 원래 무역회사 취업이 목표였기 때문에 영어, 일본어에만 매진했죠. 처음 취득한 자격증이 식품기술사였습니다. 기술사 자격을 취득하면 같은 자격을 가진 수십 명의 전문가와 네트워크가 형성됩니다. 서로의 전문분야에 대해 쉽게 이해하는 기회가 되죠. 정말 식품 산업에 대한 큰 그림이 보였거든요.

Question

## 일하실 때 가장 중요하게 생각하는 부분은 무엇인가요?

일단 일이 재미있어야 합니다. 10년 전쯤 어떤 잡지사에서 인터뷰한 적이 있었는데, 그때 질문이 "당신에게 회사는 어떤 존재입니까?"였죠. 그때 제 대답은 "놀이터"였습니다. 제가 생각하고 있는 모든 것을 해볼 수 있는 곳이었죠.

Question

## 현재 하시고 계신 일에 관한 설명 부탁드립니다.

하이트진로(주)는 국내 최대의 주류회사로 맥주(테라, 하이트, 맥스)와 소주(참이슬, 진로, 일품진로), 기타 주류(이슬톡톡, 매화수 등)을 생산하고 있습니다. 법인은 다르지만, 자회사인 하이트진로 음료에서는 블랙 보리도 생산하고 있습니다. 입사는 연구소로 했지만, 대부분 맥주나 소주의 품질관리와 양조팀장 등 공장에서 일했어요. 지금은 다시 연구소에서 분석기기(GC, LC)를 이용한 향기 성분, 첨가물 성분 등 분석 업무를 하고 있습니다.

## 첫 업무는 어떤 것이었나요?

신제품 개발이었습니다. 제가 취직하자마자 출시되어서 제 작품이라고는 할 수 없지만, S라는 제품이 나왔어요. 국내 최초로 twist off 뚜껑을 사용한 맥주 제품이었습니다.

Question

## 현장에서 계실 때 하시던 일을 설명해주실 수 있나요?

아침 일찍 출근과 동시에 오늘 생산을 위해 만들어 놓은 술을 맛봅니다. 새벽 출근 담당으로 일찍 출근한 직원들이 당일 생산분 술을 분석하면 data를 확인한 후에 spec에 맞는지를 확인하죠. spec에 맞지 않거나 술맛이 평소와 다르면 원인을 확인하고 생산 가능 여부를 결정합니다. 식품회사에서는 위생이 무엇보다 중요하기에 제조 현장의 위생 상태와 기기 상태를 확인합니다. 제조 공정별 data를 확인(원료, 발효주, 숙성주)하고 통계 처리하죠. 제조 공정별 원료 이취(異臭)와 술맛을 확인하고, 공정 이상 확인 시 대책 회의를 하고 조치합니다.

## 맥주나 소주의 품질관리를 책임지고 계실 때의 이야기를 좀 더 듣고 싶습니다.

강원공장에서 맥주 맛을 책임지는 품질관리팀장으로 있을 때는 한마디로 "취해야만 산다"입니다. 알코올 중독자는 아니었지만, 맨정신으로 지낸 시간보단 술기운에 보낸 세월이 많았어요. 그도 그럴 것이 아침 출근과 함께 시작되는 업무도 술 마시는 일이었지요. 맥주는 생물이거든요. 주원료 중의 하나인 효모는 온도나 습도 등을 포함한 주변 환경에 따라 민감하게 영향을 받아요. 그래서 수시로 살펴봐야 합니다. 맥주의 생산 공정 전, 후와 출하 직전 단계에서 직접 맥주를 시음하는 이유이기도 합니다. 맥주 품질 검증 단계는 크게 3가지로 나눠집니다. 먼저 컵에 담긴 맥주의 색깔을 확인한 다음, 컵을 흔들어 새어 나오는 냄새로 상태를 살핀 후 마지막으로 맥주를 마시면서 목 넘김의 부드러운 정도까지 파악합니다. 이런 과정을 통해 매일 마신 주량은 일일 평균 맥주 5병 정도죠. 좋은 등급의 맥주는 과일 향이나 쌉쌀한 호프 향이 뒤섞여 나는 게 좋고요. 100% 보리로 만든 올몰트 맥주는 황금색을, 보리 이외에 옥수수나 밀, 쌀 등의 곡물을 사용한 비올몰트 맥주는 밝은 노란색을 띠는 게 좋답니다.

Question

## 매일 술을 마셔야 하는 상황이 쉽지 않았을 텐데요?

주어진 조건을 최대한 이용하는 수밖에 없었습니다. 하루에 5번 가량의 맥주 시음 중간에 짬을 내서 공장 주변을 무조건 걸었어요. 그렇게 걷다 보니, 오전 중에 1만 보가 훌쩍 넘어가더라고요. 술을 깨는 데 많은 도움이 되었죠. 약 16만 평 규모의 공장 내부 산책로를 체력 단련의 장으로 삼았던 셈이지요.

# 식품공학의 분야는 넓고 할 일은 많다

▶ 연구소 방문고객 응대 중

▶ 필리핀산업협회 방문 기념사진

▶ 실험실에서 맥주 거품의 생성과 유지 관련 기술에 대해 설명 중

## Question 각 나라 별로 좋아하는 맥주 맛이 따로 있나요?

독일 맥주는 독일 음식과 잘 어울리듯이 한국 맥주는 한국 음식과 한국인의 입맛에 최적화되어 있습니다. 따라서 한국인 입맛에는 한국 맥주가 제격이지요. 한국 맥주가 쓰지 않은 것은 한국 음식이 자극적이기 때문이죠. 수제 맥주, 수입 맥주가 인기를 끌면서 무거운 맛의 맥주를 찾는 사람이 늘었지만, 본래 맵고 짠 한국 음식에는 유럽 스타일의 맥주는 어울리지 않습니다.

## Question 연봉이나 근무 여건에 대해서 알고 싶습니다.

연봉은 꽤 많은 편입니다. 우리 회사 신입사원들 초봉이 5,000만 원이 넘는다고 들었어요, 저도 연봉 1억 넘은 지는 꽤 됐답니다. 아무래도 공장에서 근무하다 보니 지방 생활은 어쩔 수 없고요.

## Question 식품공학기술자가 되고 나서 새롭게 알게 된 점이 있으신지요?

식품공학의 범위가 굉장히 넓다는 걸 알게 되었죠. 처음 회사에 다닐 때는 몰랐는데, 유학 다녀온 친구들이 자리 잡는 걸 보면 "식품공학과 나와서 저런 일도 할 수 있구나!" 하고 놀라는 경우가 많습니다.

## Question 식품공학기술자에 대한 오해가 있다면 무엇일까요?

제가 식품기술사가 되었을 때, 저희 장모님 첫 질문이 "윤 기술사, 이 우유 상했나 봐줘요." 물론 식품공학자 일 중의 하나이기는 하지만, 그게 전부는 아닙니다.

## Question 본인만의 식품 철학이 있으시다면 무엇인가요?

안전한 식품을 만드는 것, 아무리 맛있는 식품이라도 안전이 담보되지 않는다면 사상누각이죠.

## Question 일하면서 가장 보람을 느낄 때는 언제인가요?

식품기술사가 되었는데 회사에서는 기술사가 뭔지를 모르더군요. 문과 출신들이 장악하고 있는 본사(특히 인사팀)는 아직도 기능사 비슷한 걸로 알고 있답니다. 처음엔 고민도 많았죠. 자격증이라고 땄는데 회사를 위해 할 수 있는 일이 없더라고요, 그러다가 회사에서 HACCP을 추진한다고 해서 제일 먼저 손들고 나에게 맡겨달라고 했죠. 몇 달 동안 집에도 제대로 못 들어갔지만, 주류회사에서는 두 번째로 인증업체가 되었습니다.

Question **스트레스를** 어떻게 푸시나요?

저는 별로 스트레스를 받지 않는 체질이랍니다. 한참 HACCP 준비하느라 한 2주 동안 퇴근도 안 하고 일하고 있는데 때마침 회사에서 스트레스 검사를 하더군요. "오! 꽤 높게 나오겠는걸"하고 측정했더니 회사 전체에서 수치가 가장 낮게 나왔었죠.

Question **앞으로** 인생 계획을 말씀해주시겠어요?

개인적으론 제가 갖춘 경험과 지식을 다른 사람들에게 전달해 줄 수 있도록 교수나 컨설턴트 쪽을 준비하고 있습니다. 짬을 내서 가족들과 같이 할 수 있는 작은 스마트 팜도 준비 중이고요.

Question **지인에게 식품공학기술자라는** 직업을 추천하실 건가요?

직업은 일단 본인 스스로 좋아해야 하고 평생 해야 하는 것이기에 섣불리 추천하는 것은 바람직하지 않다고 생각합니다. 다만 인생의 결정 장애가 있는 학생들에게는 "이런 길도 있어"라고 설명은 해주고 싶네요.

초등학교 시절 어려운 시기가 있었으나, 담임선생님의 격려로 마음을 새롭게 하여 중고등학교 시절에는 리더로서 자질을 갖추게 되었다. 대학에서 식품영양학을 전공했으며 국립보건원에 취업해서 기술과 실무경험을 쌓았다. 그 후로 신세계 상품과학연구소에 입사하여 성실하게 영역을 넓히면서 식품기술사 자격증을 취득하였다. 1995년 신세계 상품과학연구소 입사 후 신세계백화점, 이마트의 식품품질과 위생, 법규관리 컨트롤타워 역할을 하였고 때론 신세계푸드, 스타벅스코리아, 조선호텔의 품질과 위생관리도 참여하였다. 또한, 현재 네이버 블로거로 활동하면서 식품과 건강, 식품 조리 원리나 유통에 관한 정보를 공유하고 있다.

---

이마트 PK마켓

## 이근배 점장

현) 이마트 PK마켓점장

- 경기 신세계 식품팀장, SSG 목동점장
- 신세계 상품과학연구소장
- 신세계 상품과학연구소 근무
- 국립보건원 식품규격과 근무
- 단국대학교 식품화학전공 박사수료
- 연세대학교 보건학 석사
- 단국대학교 식품영양학 학사
- 유통관리사, 식품기술사, 영양사, 위생사

# 식품공학기술자의 스케줄

**이근배**
점장의
**하루**

04:00 ~ 06:00
▸ 기상, 산행
(인근 청계사 108배 후 청계산 산행)

06:00 ~ 08:00
▸ 출근

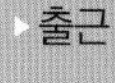

08:00 ~ 12:00
▸ 오전 업무

12:00 ~ 13:00
▸ 점심 식사

13:00 ~ 17:00
▸ 오후 업무

18:00 ~ 20:00
▸ 회사 앞 도서관
(독서, 식품과 건강 관련 블로그 글쓰기)

21:00 ~ 22:00
▸ 귀가, 휴식, 취침

# 담임선생님의 격려 한 마디로 변하다

▶ 초등학교 5학년, 가족사진

▶ 고3 부반장 때 담임선생님과

▶ 대학불교학생회 회원들

### Question 초등학교 시절이 어려운 시기였다고요?

초등학교 전반기 4년은 암울한 시기였습니다. 어머니는 아버지 병간호로 병원에 상주해계셨고, 이모님이 3남매를 키워 주셨습니다. 4학년까지는 문제아에 성적은 최하위권이었지요. 4학년 담임선생님께서 종업식 때 해주신 격려 한마디로 굳은 결심을 했죠. 초등학교 5학년부터는 반장도 하고, 모범적인 학교생활을 해서 인생이 역전되었습니다. 종합해보면 놀기 좋아하고 활동적이었어요. 책 읽기는 좋아하지 않았고 공부도 별로 안 했지만 정직해야 한다는 신조는 확고했습니다. 공부가 재미있냐는 물음에 재미없다고 정직하게 대답했다가 아버지에게 혼나서 인근 산으로 가출했던 에피소드도 있으니까요.

### Question 중고등학교 시절을 어떻게 보내셨나요?

중고등학교 때는 공부보다는 반장이나 부반장 같은 학급 리더가 되는 것을 좋아하는 성격이었어요. 국어와 영어를 좋아했지만, 수학은 제일 싫어했었죠. 힘은 세지만 공부 안 하는 소위 '학교짱'을 선도위원 직책을 줘서 자율학습 때 감독했던 기억이 납니다.

### Question 식품 관련 학과에 입학한 계기가 있었나요?

원래 약사가 꿈이었는데, 학력고사 시험 전날 잠 한숨 못 자고 시험을 본 덕에 시험성적이 최악으로 나왔죠. 재수는 하기 싫어서 할 수 없이 담임선생님과 상의해서 안전하게 입학 가능한 대학을 찾아봤죠. 저에게 주어진 선택지는 동국대 식품공학, 단국대 식품영양학, 건국대 식품가공학이었죠. 그중에서 식품영양학이 재미있을 거라는 생각에 한남동에 있는 단국대 식품영양학을 선택하였고, 미래의 식품개발 의지도 그때 가졌던 것 같아요.

## Question 학창 시절 진로에 도움이 될 만한 활동이 있으셨나요?

중고등학교 시절에 반장, 부반장으로 일했고, 고3부터 다니기 시작한 '절 학생회'에서 유치부 간사로 활동했었죠. 대학 입학과는 무관하지만, 향후 직장에서 인간관계를 원만히 하는 데 많은 도움이 되었습니다.

## Question 가장 큰 영향을 준 멘토가 있나요?

지금도 최애의 친구가 바로 저의 멘토입니다. 힘이 되는 좋은 친구 한 명이 중요합니다. 현재 교장 선생님으로 재직 중인 그 친구는 항상 마음 편히 상의할 수 있으니까 제일 훌륭한 멘토라고 생각합니다. 기독교 학교인 연세대 대학원에 원서를 낼 때 종교를 무교나 기독교로 쓸지에 대해서 절의 큰스님께 여쭤봤을 때 들은 말씀입니다. "잘돼도 부처님 뜻, 안돼도 부처님 뜻"으로 생각하라는 말씀이 삶의 귀중한 교훈이 되었답니다. 열심히 하고 결과를 받아들이라는 가르침이지요. 지금도 역시 그 교훈을 좌우명으로 삼고 살아가고 있습니다.

## Question 대학 생활은 어떠셨나요?

대학 생활은 군대 가기 전까지는 남들 하듯이 열심히 놀고, 미팅하고 공부는 시험 때만 했습니다. 하지만 불교학생회라는 동아리 활동도 활발히 하고 농촌 돕기, 학생지도 활동 등 봉사활동도 많이 했어요. 군대 전역 후에는 정신 차리고 전공 공부도 열심히 하고, 영어 공부에도 매진했었지요. 1년간 휴학했을 때는 하루 15시간씩 영어 공부를 했고, 18개월 동안 회화책 6권, 쉐도잉을 완벽하게 따라 할 정도였으니까요.

▶ 신세계 상품과학연구소, 국내 유통업계 최초로
국제품질경영시스템 ISO 9001인증 수여식 기념사진

▶ 상품과학연구소장 시절 연구소 싸인몰 앞에서

▶ 교육 배포 목적 발간 메뉴얼

Question **직장생활 중 특별히** 기억에 남는 에피소드가 있으신지요?

중국에서 15명 고위 공무원이 우리 연구소로 견학을 오게 되었는데 영어 프레젠테이션 준비 때문에 72시간을 뜬 눈으로 버티던 일이 생각나네요. 또 연구소 시절에 신제품 사전검사에서 이마트에 납품할 톳무침 제품에 사용해서는 안 되는 식용색소 일명 '혼합초록'이 검출되어서 업체에 통보했어요. 어느 날 70대 할아버지가 연구소를 찾아와서는 제게 절대 색소를 쓰지 않았다고 강하게 부인하면서 동일 제품에 대해 H그룹 연구소의 검사 결과와 서울시 소속 연구원의 검사 결과서를 보여줬어요. 분명 "불검출"로 판정받았더군요. 하지만 과학적 검사 결과는 거짓을 말하지 않습니다. 특히 색소분석은 비교적 쉬운 실험에 속해서 우리가 검사를 잘못했다고 생각하진 않았습니다. 외부공인기관에 재검사를 의뢰해서 결과를 다시 보기로 하고 일단 이마트 입점을 보류했었죠.

Question **'혼합초록' 검출 사건은** 어떻게 마무리되었나요?

며칠 있다가 그 할아버지께서 다시 방문하셔서 거의 눈물까지 보이면서 죄송하다고 하셨어요. 완도에 내려간 할아버지는 톳 생산에 관여했던 분들을 모아서 재차 확인했는데요. 놀랍게도 할아버지의 부인이 넣었다는 걸 알게 된 거예요. 왜 넣었냐고 다그치니까 할머니가 답하기를 옆집 꽃순이네가 초록 가루를 주면서 "톳 데칠 때 한 순갈 넣어보소. 색깔이 파랗고 싱싱하게 된당께."라고 권하는 바람에 생각 없이 그냥 넣었다는 거예요. 상황 파악을 한 저는 할아버지에게 안타까운 마음이 들더라고요. 보통 이런 경우엔 거래중단을 하게 되지만, 다시 잘 만들어서 입점할 수 있도록 조치했습니다. 그때부터 선량한 사람들이 피해 보지 않도록 해야겠다고 결심했어요. 그동안 해왔던 방식인 협력사의 입점 여부를 판단하는 공장방문이 아니라, 영세 공장이라도 가르쳐서 개선되면 입점할 수 있도록 운영했어요. 식품위생 안내 책자도 만들고 영세업체 대표들을 모아서 단체 위생교육도 활발하게 진행했었죠. 지금도 아는 지식을 모두에게 나누는 게 가치 있는 일이라고 확신하고 있고, 이것이 식품 분야 교육활동을 해야겠다고 결심하게 된 계기이기도 합니다.

Question

## 식품기술사가 되기 위해 어떤 준비를 해야 하나요?

우선 식품 분야가 본인에게 맞는지 결정하는 게 중요합니다. 식품 분야의 전문기술자가 되기에 독학은 어려움이 있어요. 대학전공을 거치면서 학문적인 이론을 배우고 관련 자격증을 취득하는 게 중요합니다. 우선 취업(식품제조회사, 위생관련회사, 식품관련 연구소, 공무원)부터 한 후에 이론을 토대로 실무경험을 많이 쌓는 게 중요합니다. 식품 분야의 최고 자격증인 식품기술사를 취득하려면 식품위생, 식품영양, 식품공학, 식품포장학, 식품저장학 등을 두루 섭렵해야만 합격 가능성이 있습니다. 기술사 시험을 보려면 여러 자격요건이 필요합니다. 우선은 식품기사 자격, 영양사 자격을 먼저 따 놓는 게 좋아요.

Question

## 식품기술사 자격을 취득하는 과정에 대해 설명해 주시겠어요?

대학에서 식품을 전공했고 자연스럽게 국립보건원에 취업해서 기술과 실무경험을 쌓게 되었죠. 그 후로 신세계 연구소 입사 과정을 거쳤는데 중간과정을 충실히 하면서 영역을 넓히다 보니 식품기술사까지 도달하게 되었답니다.

## Question 이전의 커리어가 현 직업에 큰 영향을 끼치나요?

당연하지요. 현 직업에 이르기까지 모든 게 식품이라는 특정 분야의 연장선상에 놓여 있어요. 제 경우는 대학에서 식품전공 - 국립보건원 - 신세계 상품연구소 입사 - 식품 주력 오프라인 매장의 점포관리와 일반 대중에 대한 식품기술지식 교육(현재)까지 해 오고 있습니다. 만약 식품이 아니고 패션이나 화장품 분야로 눈을 돌렸다면 불가능한 일이죠. 한 우물만 파야 합니다.

[이근배 점장님의 다양한 대외 활동]

- 경인 식약청장 표창(2007)
- 한국식품영양과학회 편집위원(2009, 2013)
- 신세계 SMBA(연세대)
- 식약청 유통식품 안전관리협의회 위원(2008 ~ 2010)
- 서울시 식품안전사각지대 발굴 T/F 외부전문가(2012)
- 식약청 식품안전관리협의회 전문위원(2013 ~ 2015)
- 동아일보 식품 칼럼 연재(2011)
- 백화점협회 유통전문지 식품 칼럼 연재(20개월)
- 식품 정책, 식품 안전 등 각종 토론회 패널 및 세미나 발표 참여 다수
- 서울시 식품위생 공무원 대상 교육, 청년 창업자 전문교육 등 교육 다수

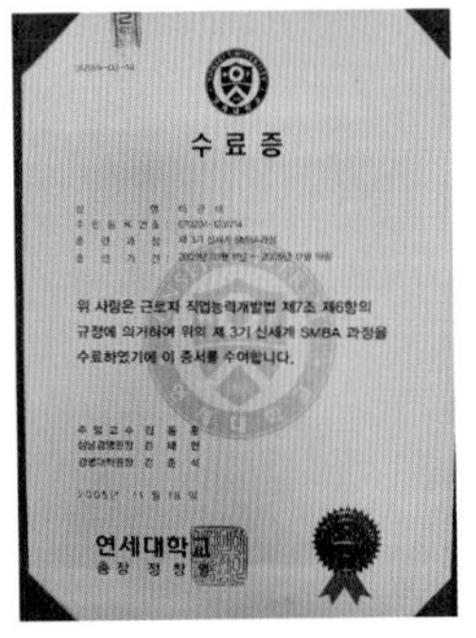

▶ 신세계 SMBA과정 수료증

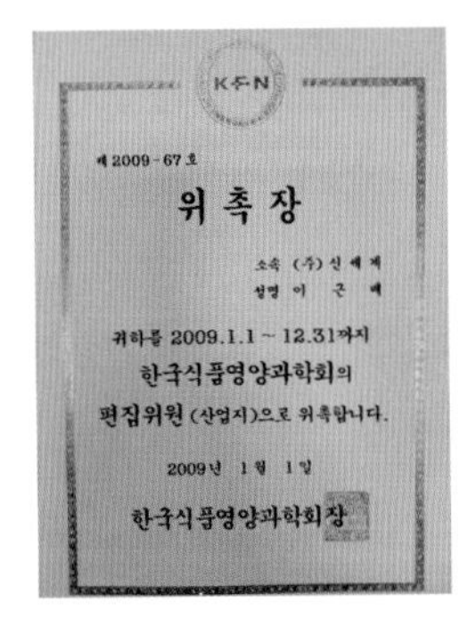

▶ 한국식품영양과학회 편집위원 위촉장

▶ 유통저널 20개월 칼럼기고

## Question 회사 소개와 현재 하시는 일에 관한 설명 부탁드립니다.

신세계그룹은 크게 백화점과 이마트로 나누어져 있으며 그밖에 패션, 식음, 유통, 건설 , IT 등 계열사가 있습니다. 이전에 식품기술자로 몸담았던 연구 분야를 설명하자면 신세계백화점은 상품과학연구소, 이마트는 '이마트 상품안전센터'라는 연구조직에서 각 회사에서 납품받는 식품류의 품질규격 적합 여부와 안전성 여부를 빠짐없이 점검하는 일을 담당합니다. 수많은 협력사 공장을 방문하여 위생점검 및 공장설비 안전성 등 컨설팅과 식품품질표시 적법성을 점검합니다. 제 경우는 1995년부터 2015년까지 20년간 연구소에서 근무했습니다. 현재는 ㈜이마트 소속의 프리미엄 푸드마켓 점장으로 일하고 있습니다. 업무 중에는 점포의 매출, 인사, 환경, 안전, 위생 등 전반적인 점포 책임자로서 일하고 있습니다. 업무 이외의 시간은 대부분 식품과 건강, 의학 관련 글을 쓰고 있어요, 인스타그램이나 페이스북을 통해서 알고 있는 지식을 공유하고 이야기 나누는 시간도 갖고 있고요.

## Question 식품공학기술자가 된 후 첫 업무는 어떤 것이었나요?

신세계그룹 내 백화점과 이마트에 납품되고 있는 규격 식품의 안전성과 품질검사도 하고, 협력사 공장 컨설팅도 했습니다. 또한, 매장 내 농산물 잔류농약과 수산물의 식중독세균, 축산물의 항생물질을 검사하기도 했고요. 소비자 컴플레인 사례집과 식품위생 법규집과 같은 위생교육 책자도 제작해서 배포했었죠.

# 역시 제일 중요한 건 먹거리

▶ PK마켓 고양점 정문

▶ 신세계 상품과학연구소장 시절 분석실

위 촉 장

신세계상품과학연구소
이 근 배

귀하를 서울특별시 식품안전사각지대발굴T/F팀 「외부전문가」로 위촉합니다.

(위촉기간 : 2012년 2월 24일 ~ 2014년 2월 23일)

2012년 2월 24일

서울특별시장 박 원 순

▶ 연구소장 시절 대외기관 전문활동 위촉장

▶ 중국 고위 공무원들이 연구소를 방문했을 때, 영어프리젠테이션 하는 본인

## Question 일하실 때 가장 중요하게 생각하는 것은 무엇인가요?

어떤 결론에 이를 때에는 데이터를 기반으로 해야 합니다. 데이터가 모여 정보가 되고 이를 바탕으로 의사결정이 이루어지는 것이지요. 막연하게 일만 해서는 진전이 없어요. 세상 모든 일이 다 그렇다고 생각합니다. 마케팅도 소비자심리도 하다못해 스포츠도 그렇지 않은가요?

## Question 식품기술자가 되고 나서 새롭게 알게 된 점이 있으신가요?

의외로 낙후된 공장환경 속에서 식품을 비위생적으로 제조하는 회사도 많은 걸 보고 놀랐습니다. 유통되고 있는 식품 중에서 건강에 좋지 않은 상품이 저가에 판매되고 있는 경우도 많습니다.

## Question 식품기술자에 대한 오해와 진실은?

연구나 기술 분야라서 그런지 식품기술자를 꼼꼼하고 한 쪽만 아는 외골수로 보는 경향이 있는 것 같아요. 하지만 업무에서만 세밀하고 꼼꼼할 뿐, 사회성과 인간관계는 정 반대인 사람도 많습니다.

## Question 일반인들이 식품에 관하여 잘못 알고 있는 게 있을까요?

집이나 옷은 없어도 살 수 있지만 먹지 못하면 사람은 죽습니다. 그래서 제일 중요한 것이 먹는 것이죠. 그러나 너무 많이 먹으면 음식도 독이 됩니다. 올바른 건강을 유지하기 위해서는 영양의 균형을 유지하는 게 중요하죠. 단 하나의 식품으로는 건강을 유지할 수 없으니까요. 골고루 영양을 섭취하는 게 중요한데, 특정 식품의 기능성이 과다하게 강조되면 문제가 생깁니다. 건강기능식품만 먹으면 괜찮은 것으로 잘못 알고 있는 부분은 개선돼야 합니다.

## Question 일하시면서 가장 보람을 느낄 때가 언제인가요?

상담하러 온 협력회사 대표분 들에게 이런 말을 듣곤 합니다. "신세계 연구소를 통과하지 못하면 아무것도 못 해, 신세계 연구소가 가장 꼼꼼해서 여기만 통과하면 걱정 없어." 또 타 유통업체 바이어가 업체를 상담할 때 신세계 통과했냐고 물어본다고 합니다. 이런 얘기를 들으면 제가 하는 일에 대한 자부심과 보람을 많이 느끼게 되죠.

## Question 일하시면서 힘들 때도 있을 텐데요?

연구소에만 있다 보니 직장인의 꿈인 임원까지 올라가는 데 한계가 있습니다. 연구소는 인사고과 평가에서 다른 부서보다 소외되는 경우가 많아요. 식품기술자의 역할이 예방 활동이 강해서 잘할 때는 티가 안 나고 문제가 터지면 책임을 지는 분야거든요.

## Question 스트레스를 푸는 특별한 방법이 있나요?

일부러 호탕하게 농담해가면서 크게 웃기도 하고, 다채로운 과일과 채소를 배부르게 먹을 때도 있죠.

## Question 앞으로 삶의 비전은 무엇인가요?

연구경험(품질분석, 공장건설팅, 외부전문가 활동)과 현장경험(상품, 진열, 판매, 고객서비스, 점포경영)을 바탕으로 나의 지식과 경험을 사회적으로 공유하는 일에 매진하고 싶어요. 네이버 블로거. 포스트 에디터, 인스타그램을 통해 내국인은 물론 외국인 방문자에게 식품과 건강에 대한 카운셀링을 해주는 인플루언서가 되는 게 목표입니다. 영어 공부도 열심히 하고 있답니다. 나중에 '과일 파는 기술사의 진실 노트, 과일 파는 기술사의 개똥철학' 이런 시리즈로 식품과 건강 관련 책을 세상에 내어놓고 싶어요.

▶ 개인브랜드 로고

▶ 네이버 에디터 활동

## Question 청소년에게 해주고 싶은 말씀은?

무슨 일이든 시작이 중요합니다. '천 리 길도 한 걸음부터'라는 속담이 있듯이 인생은 일단 내딛고 헤쳐 나가는 것입니다. 머뭇거리다간 기회를 놓칠 수 있어요. 목표를 세웠다면 이제부터는 조금씩 천천히 꾸준히 하세요. 반드시 성공합니다.

활발한 어린 시절을 보냈으며 부모님의 권유로 식품가공학을 선택하였다. 대학 시절에는 실습이나 발표수업에서 늘 조장을 할 만큼 리더십도 뛰어났다. 졸업 후에 품질관리와 위생담당의 경력을 거쳐 현재 한화호텔앤드리조트 품질경영팀에서 근무하고 있다. 주 업무는 회사에서 운영하는 호텔이나 리조트에서 식품 안전을 담당하고 있으며, 사무실에서는 식품위생법과 관련된 법규를 검토하면서 회사 내의 기준을 세운다. 또한 거기에 따른 교육을 기획하며 사업장 점검이나 컨설팅을 하기도 한다.

---

## 한화호텔앤드리조트 품질경영팀
# 남효원 식품안전담당 대리

현) 한화호텔앤드리조트 품질경영팀 6년 차
- ㈜베니건스 교육팀 위생담당 3년
- ㈜남양유업 생산팀 품질관리 3년
- 계명대학교 일반대학원 식품가공학과 석사
- 계명대학교 식품가공학/ 식품영양학 학사
- 2017 식품법무실무능력
- 2010 식품기사
- 2009 위생사
- 2005~2006 제과/제빵기능사, 식품가공기능사

# 식품공학기술자의 스케줄

# 활력 넘치는 말괄량이 '빵신'

▶ 어린 시절 동생과 함께

▶ 대학 실습 중

▶ 학창 시절 대학원 졸업

Question **어린 시절에 어떤 성향이었나요?**

아주 에너지가 넘치는 활발한 아이였어요. 온 동네를 돌아다니며 인사를 하고 간식을 얻어먹기도 했었어요. 에너지만큼 의욕도 많아서 병원에서 의사 선생님을 보면 '나는 의사가 될 거야', 길거리에서 군인을 보면 '나는 군인이 될 거야' 하면서 보이는 직업마다 늘 '하고 싶다'라는 말을 했어요. 직업뿐 아니라 어른들이 하는 운전이나 높은 곳에 올라가는 걸 보면 '나도! 나도!'를 외치며 뭐든 해보고 싶어 하는 아이였어요.

Question **중고등학교 학창 시절은 어땠나요?**

요즘 단어로 표현한다면 "핵인싸"였죠. 교내와 인근 학교에서 절 모르는 사람이 없었어요. 중고등학교 땐 공부 잘하는 모범생과는 거리가 먼 말괄량이 천방지축이었어요. 복도에서 우산으로 창던지기를 하다가 교무실 유리창을 깨기도 했었죠. 만우절에 선생님들에게 물 폭탄을 던지겠다고 복도 전체를 물바다로 만든 적도 있었어요.

Question **학창 시절 좋아했던 과목이나 분야가 있으셨나요?**

이론 수업보다는 직접 손으로 만들고, 수행하는 실험과목을 전부 좋아했어요. 전공 특성상 실험이 많은 편인데 버터에서 유지방을 추출하기도 하고, 누룩으로 막걸리를 만들기도 하죠. 그 중에 가장 기억에 남는 실험은 생쥐에게 녹차와 커피를 섞은 사료를 급여한 뒤 지방간을 측정하는 실험이 가장 기억에 남아요.

## Question 학창 시절 진로에 도움이 될 만한 교내외 활동이 있으셨나요?

대학교 '진로·취업센터'에서 운영하는 각종 교내/외 프로그램과 취업캠프에 많이 참여 했어요. 전문적인 강사님들께 면접 때의 복장과 메이크업부터 면접 스킬까지 알려주는 강좌도 들을 수 있었고, 졸업 후 사회에서 일하고 있는 선배들의 생생한 면접후기와 회사생활도 들을 수 있었어요. 특히 취업캠프를 가서 선생님들과 상황별로 모의 면접을 보고 다양한 면접방법을 접했던 게 빨리 사회에 취업할 수 있었던 계기가 된 것 같아요.

## Question 대학 시절 별명이 '빵신'이었다고요?

네. 대학교 때 이름보다는 '빵신'이라고 불렸어요. 친구, 선후배 그리고 교수님들까지도요. 출석을 부를 때도 저를 이름보다 '빵신'이라고 부르셨어요. 그리고 지금도 저를 빵신이라고 부르는 친구들이 많아요. '농산가공학' 실습시간에 밀로 빵을 만드는 수업이었는데 제가 빵을 꽤 잘 만들었거든요. 실습이나 발표수업에서도 늘 조장이나 발표를 했었고 수업이 없어도 항상 학교에서 놀았어요. 그래서 조교 선배들, 교수님들께 눈도장도 많이 찍었고, 편하게 인사하고 밥과 술을 자주 얻어먹는 학생이었어요.

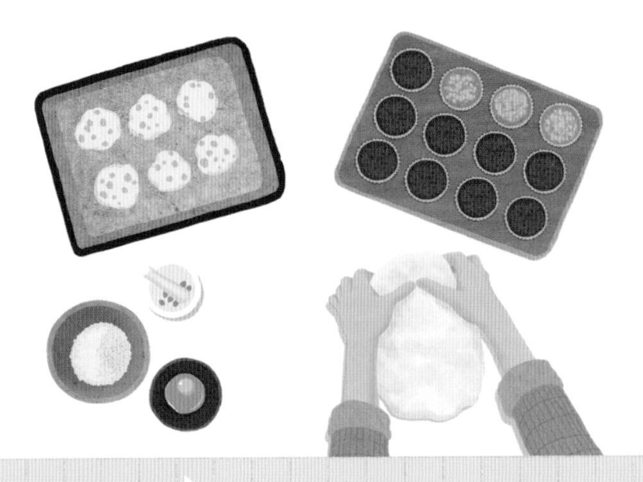

## Question 원래 식품 가공이 장래 희망이었나요?

아니요. 학창 시절 내내 하고 싶었던 직업은 뉴스 아나운서였어요. 흐트러지지 않은 단정한 모습으로 카리스마 있게 정확한 정보를 꾸밈없이 전달하는 아나운서의 모습이 매력적이었죠. 온 국민이 아나운서의 말을 신뢰한다는 게 너무 대단하게 느껴졌거든요.

## Question 진로 선택의 기준이나 영향을 받은 요소들이 있나요?

전공을 선택할 때는 부모님의 조언이 가장 컸어요. 식품은 우리 삶에서 뗄 수 없는 영역이잖아요. 식품 가공 시장은 앞으로 발전할 거라는 부모님의 권유로 진학하게 되었어요.

# 주경야독하며 HACCP을 통과하다

▶ 급식사업장 근로자 교육

▶ 외식사업장 교육

▶ 외식사업장 점검 중

## Question 첫 직장의 느낌은 어떠셨나요?

대학을 졸업하기 전에 좋은 기회가 주어져서 취업을 일찍 했어요. 돈을 내고 배우는 것도 힘든데 돈을 받으면서 일을 배워야 하는 신입사원 시절은 정말 어렵고 힘들었어요. '내가 지금 하는 일이 회사에 도움이 되는 걸까? 이걸 내가 왜 해야 하지?'라는 고민을 많이 했어요. 그때 소속 팀장님께서 정말 많이 응원하고 도와주셨어요. 오늘 하는 일은 회사에 도움이 되지 않아도 된다며 그러니 힘을 내라고요. 오늘이 쌓이고 쌓이면 곧 회사에 없으면 안 되는 사람이 될 거라고 응원해주셨죠. 그 덕에 아직도 이 업계에서 일하고 있는 거 같아요.

## Question 현재 하는 일에 관해서 자세히 알고 싶습니다.

현재 한화호텔앤드리조트 품질경영팀에서 근무하고 있고, 주 업무는 회사에서 운영하는 호텔, 리조트, 급·외식 분야에서 식품 안전을 관리하고 있어요. 내근과 외근이 적절히 섞여 있는 직업인데요. 사무실에서는 식품위생법과 관련 법규를 검토하고 사내 기준을 세우죠. 사내 기준이 현장에서 이행하기에 벅차지는 않은지, 지난 점검 이력을 보면서 어떤 부분이 미흡한지를 확인하고 거기엔 어떤 교육이 필요한지 기획하는 일을 합니다. 외근을 나갈 때는 주로 사업장 점검이나 컨설팅과 교육을 합니다.

## Question 일하면서 가장 기억에 남는 일은 무엇인가요?

입사 3년 차였던 거 같아요. 대학원 공부를 병행하고 있어서 정말 '주경야독'의 삶이었어요. 낮에는 회사에서 일하고 출장 다니고, 밤에는 논문을 번역하고 요약하느라 매일 2~3시간밖에 잠을 자지 못했어요. 그러던 중 식약청에서 *HACCP 심사를 받게 되었어요. 준비해야 할 서류도 많고, 진행해야 하는 실험도 많은데다 몇천 평이 되는 현장도 보수하고 청소해야 했었죠. 경험도 많지 않은 때라 뭐부터 해야 할지도 막막하고 어려웠어요. 그래도 심사를 95점 고득점으로 받고 나서 현장 반장님들과 부둥켜안고 엉엉 울었을 때가 제일 감격스러웠어요. 그 기억이 아직도 생생하네요.

*식품의약품안전처에서 인증하는 HACCP 시스템(위해요소 중점관리기준)

## Question 일하실 때 가장 중요하게 생각하는 것은 무엇인가요?

아무래도 가장 중요한 것은 이해심인 것 같아요. 기준과 현장은 이질감이 있기 마련인데 현장을 이해하지 못한 상태에서 기준과 규칙을 만들고 또 그 필요성과 효과를 현장에 이해시키지 못한다면 오해만 생기게 되거든요. 현장을 가장 잘 이해하는 방법은 경청이라고 생각해요.

## Question 식품기술자가 되고 나서 새롭게 알게 된 점이 있으신가요?

학생으로서 공부할 때는 '식품'의 구성이 되는 농·수·축산물 같은 원료부터 조리·가공에 대해 배우면서 주로 '식품분야 전반'을 공부했어요. 그러면서 생화학, 물리학 같은 과목이 과연 회사생활에 도움이 될까? 라는 의문점을 가졌었지요. 하지만 웬걸요, 실제 회사를 다니다 보면 식품에 대한 전문지식도 많이 필요하지만 학생 때 필요 없을 거라 생각했던 과목들이 꽤 많이 필요하더라고요. 요즘 환경적 이슈가 많다보니 음식폐기물을 미생물로 분해하기도 하고, 일회용품 사용을 줄이기 위해 생분해되는 용기에 식품 포장을 한다던가 말이죠!

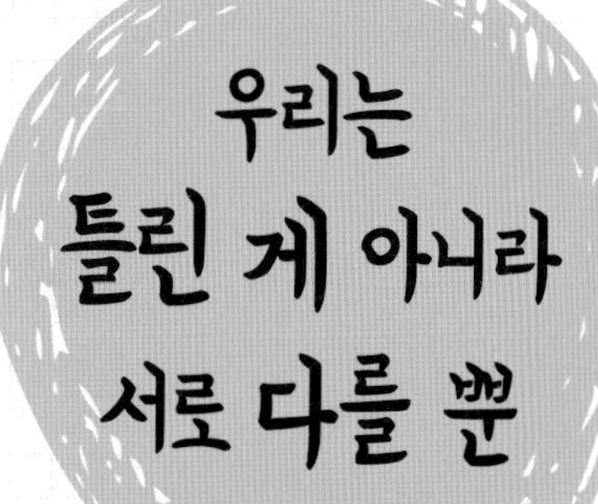


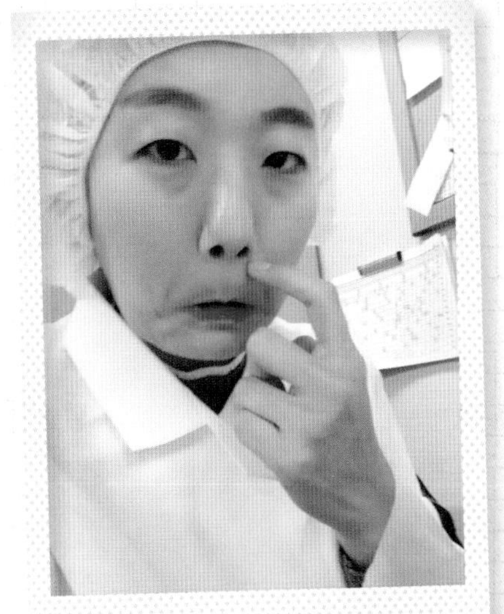

▶ 점검 가서 일하기 싫을 때

▶ 출장 가서 컨벤션 홀에서 회의 준비 중

▶ 등산 취미

## Question 식품기술자에 대한 오해와 진실이 있다면 무엇인가요?

사무실에서 근무하는 일반 사무직이라고 입사하는 신입사원들이 꽤 있었어요. '식품'이라는 게 컴퓨터가 만들어 내는 게 아니다 보니 생각보다 현장에 나가 있는 경우가 많거든요. 영업직이나 서비스직이라고 생각이 들 만큼 사람을 많이 만나고 다양한 상황을 마주하게 되지요. 늘 좋은 상황만 만나는 게 아니다 보니 마음 상하는 경우도 물론 있겠지만 사람을 통한 일이다 보니 어떤 일이든 해결할 수 있고, 그만큼 단단하게 성장하는 것 같아요.

## Question 업무적인 스트레스를 어떻게 푸시나요?

저는 여행을 굉장히 좋아해요. 코로나 시대 이전에는 틈만 나면 여행을 떠났어요. 일하면서 국내는 많이 돌아다니니까 주로 해외로 갔었죠. 짧게는 1박 3일 홍콩을 가기도 했었고, 멀리는 남미, 아프리카, 유럽 등 40개국 정도를 다녀온 거 같아요. 새로운 문화를 접하고 사람을 만나고 들여다보면 제 생각과 시각이 많이 넓어지거든요. 그러는 동안 내 안의 무거운 것들은 자연스레 비워지더라고요. 요즘에는 등산을 많이 다녀요. 다녀보지 않은 산을 찾아다니다 보면 시골 풍경이 새롭게 다가온답니다. 도담도담 한 걸음씩 산을 밟아 오르다 보면 어느새 정상에 올라가 있고 멋진 하늘과 풍경이 선물이 돼요. 그러다 보면 어느새 걱정도 스트레스도 사라지게 되죠.

Question

## 삶의 철학이나 좌우명이 있나요?

Love being myself!

거창하게 삶의 비전까지는 아니지만 살아가며 늘 마음에 담고 있는 말이에요. 어깨에 작게 타투도 했답니다. 내가 나를 배신하지 않는 한, 나는 언제나 사랑받는 사람이라는 의미죠. 그래서 내가 나를 사랑하는 만큼 다른 사람도 이해하고 사랑하며 살려고 노력해요. 우리 모두 틀리거나 잘못된 사람은 없고 서로가 다를 뿐이니 미워할 필요도 없다고 생각해요.

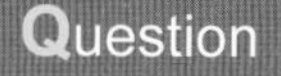


## 직업으로서 식품공학기술자의 매력은 무엇인가요?

아주 복합적인 캐릭터를 가지고 있는 게 이 직업의 매력이에요. 필요한 법규를 검토하고 해석할 때는 법조인 같다가, 현장에서 쏟아지는 질문들에 답해주고 알려줄 때는 선생님 같기도 해요. 식품안전 담당이다 보니 현장을 점검하는 동안 긴장감이 흐르고 예민해지기도 하지만 안전한 식품을 책임진다는 자부심도 품게 되죠.

Question **친한 사람에게 이 직업을 추천하실 의향이 있나요?**

물론이죠. 외근이나 출장이 잦은 편이지만 전국 방방곡곡을 누비며 새로운 사람을 만나고 아이디어를 얻을 수 있는 아주 매력적인 직업이기 때문에 실제로 후배들에게 좋은 자리가 있으면 많이 소개해 주고 있어요.

Question **학생들에게 해주고 싶은 말씀이 있나요?**

취업을 준비하고 내가 하는 일을 선택할 때, '어떤 회사'에서 일하겠다는 생각보다는 '어떤 일'을 하는지에 관한 생각을 한다면 취업하고 나서 괴리감이 적게 올 것 같네요. 그리고 현장경험이 중요한 업종이기 때문에 작은 중소기업이나 생산 현장에서 멀티플레이어로 여러 가지 일을 배우면서 대기업 audit(품질검사)을 경험해 보는 것도 중요해요. 나중에 그 경험이 모두 자기 재산이 되기 때문이죠.

어린 시절 편식도 심하고 인스턴트 음식을 좋아했었다. 고등학교 시절 학교급식에서 만난 영양사를 보며 영양사라는 직업을 꿈꾸게 되었다. 취업뿐만 아니라 스스로 편식이 심했기에 식습관을 고치고, 미래의 자녀들에게 건강한 식단을 차려주고 싶은 마음에 식품영양학과로 진학하게 되었다. 대학 시절에는 학과 공부 외에도 영양사가 되기 위해 한식·양식 조리 자격증, 컴활 2급, MOS master 등의 다양한 자격을 취득했으며, 다양한 교내, 외 활동도 하였다. 8년간 대기업의 영양사로 근무하였으며, 현재는 초등학교 영양교사로 근무하고 있다. 향후 영양 분야의 스페셜리스트가 되어 다른 사람들과 중요한 가치를 공유하기 위해 지금도 부단히 노력하고 있다.

## 식품영양학 식품영양사

# 김정옥 영양교사

현) 경상남도교육청 월천초등학교 영양교사
- 삼성에버랜드, 삼성웰스토리 영양사
- 울산대학교 식품영양학과 학사
- <영양교사 긍정옥> 유튜브 운영
- 전국 교사 크리에이터 협회 정회원
- 학교급식 우수사례 '영양·식생활' 경상남도 교육감상 수상 외 다수
- (사)대한영양사협회 주관 '일 잘하는 영양교사의 커뮤니케이션' 신규교사 강의
- 「일하는 사람, 영양교사 편」 2022. 에세이 출간 예정

# 식품공학기술자의 스케줄

**김정옥**
영양교사의
**하루**

* 공문처리, 영양 수업 등의 학교 업무는 유동적입니다.

22:00 ~
▸ 취침

07:00 ~ 08:40
▸ 기상 및 출근

08:40 ~ 11:40
▸ 식재료 검수 및 서류 정리,
▸ 급식소 소모품 구입

11:40 ~ 13:10
▸ 배식 및 급식 지도

13:10 ~ 14:30
▸ 영양 수업
15:30 ~ 16:40
▸ 교직원 회의 및 식단 작성 및 품의

16:40 ~ 21:00
▸ 퇴근 후 육아
▸ 줌바 운동
21:00 ~ 22:00
▸ 휴식 및 취미 생활 (유튜브 촬영, 책 쓰기)

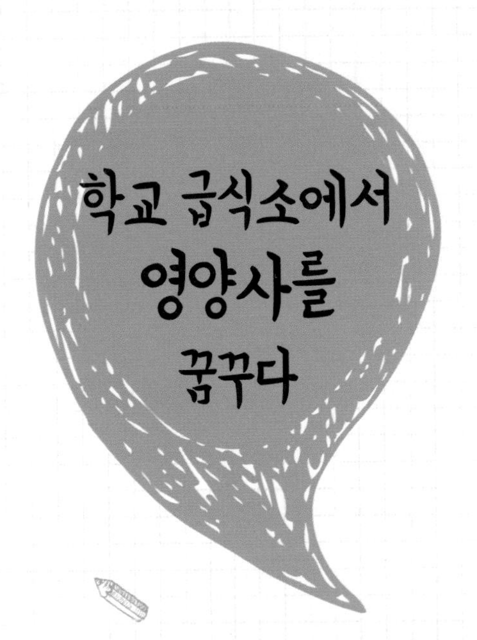

▶ 어린 시절

▶ 학창 시절

▶ 대학생 자원봉사단 임원 워크샵

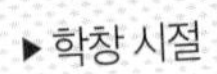

## Question 어린 시절부터 요리를 좋아했나요?

어린 시절 낯선 음식에 대한 거부감이 유독 심했고, 맞벌이하셨던 부모님이 집에 늦게 들어오셔서 식습관이 인스턴트 음식인 라면과 햄, 즉석 카레로 길들었죠. 김치 냄새가 역해서 식탁에 김치가 올라오는 것도 거부했고, 밥 대신 라면이 늘 주식이었어요. 그렇지만 초등학교 때부터 음식에 대한 흥미와 호기심이 있었어요. 집에서 빵을 만들어 기름이 사방에 튀면서 손목에 화상을 입기도 했었죠. 초등학교 시절 친구들과 꿈 얘기를 하면 떡볶이 가게 주인, 붕어빵 가게 주인, 학교 앞 매점 주인 등으로 그날 맛있게 먹었던 음식점 가게 주인으로 꿈이 자주 바뀌곤 했어요. 고등학교 때는 가방에 책보다 과자를 더 많이 넣고 다녀서 친구들이 부모님이 슈퍼마켓을 하냐고 물을 정도였죠.

## Question 학창 시절은 어떻게 보내셨나요?

초등학교 시절부터 외향적이었고, 친구들과 어울려 놀기를 무척 좋아했으며 낙천적이라는 얘기도 많이 들었어요. 성인이 된 후에는 긍정적이라는 이야기를 많이 들었는데 아무래도 낙천적인 성격이 긍정적인 성격으로 성장한 것 같아요. 좋아했던 과목은 화학, 생물이어서 고등학교 2학년 때 이과를 선택했습니다. 외향적이고 친구들을 좋아해서 밖에서 함께 자전거나 롤러스케이트를 타거나 집으로 초대해서 놀기를 좋아하는 학생이었어요.

## Question 부모님이 기대하셨던 직업이 있었나요?

부모님이 저에게 기대하는 직업은 없었습니다. "그저 취업만 해라. 요즘 청년들이 취업이 어렵다고 연일 뉴스에 나오더라. 걱정된다."라는 말씀은 많이 하셨어요. 제가 진지하게 직업에 대해 탐색하기 시작한 시기는 중학생 시절입니다. 메이크업 아티스트와 미술 교사를 꿈꾼 적이 있지만, 부모님께서 예체능은 돈이 많이 든다며 반대하셨어요. 미술 전공의 꿈을 지지해달라고 부모님께 조르기도 했지만, 넉넉지 못한 형편에 포기할 수밖에 없었습니다. 그런데 세월이 지나면서 제가 미술에 전혀 소질이 없다는 걸 알고 다행이라는 생각이 들었죠.

## Question 학창 시절 진로에 도움이 될 만한 활동이 있었나요?

학교에서 급식을 먹으며 친구들과 함께 웃었던 기억도 활동이라 할 수 있겠죠. 저는 그 공간, 메뉴, 냄새, 모든 게 좋은 기억으로 남아 있습니다. 그리고 급식을 먹고 올라오면 1층에 강당이 있었는데 맛있게 급식을 먹고 나서 친구들과 농구와 축구를 할 때 너무 행복했어요. 그리고 당시 위탁 급식으로 삼성에버랜드에서 고등학교 급식 3년을 제공해 줬는데, 그때 언니 같은 영양사를 보며 영양사라는 직업에 대해 구체적으로 찾아보게 되었죠. 급식소에서 생일자 이벤트, 급식 만족도 조사 이벤트, 급식 질서 이벤트 등의 다양한 이벤트가 있었습니다. 졸업하고 4년 뒤에 제가 삼성에버랜드 영양사로 입사해서 제가 다녔던 고등학교에서 급식소 오픈 때 와주셨던 SM, 조리사, 영양사님들을 만나 뵙고 인사드렸을 때는 꿈꾸는 것처럼 벅차고 기뻤습니다.

## Question 진로 결정 시 도움을 준 활동이나 사람이 있었나요?

고등학교 시절, 삼성에버랜드 영양사님이 가장 결정적인 영향을 주셨습니다. 제가 눈에 띄는 학생은 아니어서 먼저 가서 말을 건네지는 못했지만, 급식소 줄을 기다리면서도 늘 제 눈은 영양사님을 동경의 눈빛으로 바라봤어요. 급식소에서 새치기하는 친구들, 잔반을 많이 남기는 친구들, 소란스러운 친구들을 능숙하게 지도하는 모습을 보면서 멋지다고 생각했습니다. 그리고 제가 이후에 삼성에버랜드 영양사로 취업한 후에 그 영양사님을 뵙고 싶었는데 수소문해보니 임용고시에 도전해서 영양교사가 돼서 퇴사하셨다는 이야기를 들었습니다. 그 이야기를 듣고 속으로 외마디 감탄을 외쳤습니다. 저도 식품영양학과 1학년 재학 시절부터 영양사로 다양한 사업장에서 경력을 쌓고, 10년 후쯤 영양교사가 되고 싶다는 꿈을 품고 있었기 때문입니다. 제 멘토가 다녔던 회사에 입사한 것도 꿈같은데, 저의 두 번째 꿈을 이루시고 퇴사하셨다는 사실에 다시금 내적 친밀감을 느꼈습니다. 임용고시에 도전해서 영양교사가 된 후에 가장 먼저 떠오른 멘토가 바로 그 분입니다. 저에게 멘토는 존재 자체만으로 큰 의미가 있습니다. 영양사님이 걸어가셨던 길이 저에겐 희망의 길라잡이였던 셈이죠.

## Question 식품 관련 학과를 전공하게 된 계기는 무엇이었나요?

고등학교 시절 학교급식에서 뵙게 된 영양사님을 보며 영양사라는 직업에 대해 알게 되었죠. 일단 영양사라는 직업이 제가 좋아하는 과목인 화학, 생물과 밀접한 관련이 있다는 점과 취업률이 높다는 점이 매력으로 다가왔어요. 그리고 취업뿐만 아니라 편식이 심했던 저의 식습관을 스스로 고치고, 미래에 제 자녀들에게 건강한 식습관을 형성해 주고 싶은 생각도 있었고요. 일상생활에서도 유용한 학과라는 생각이 들어서 식품영양학과로 진학을 결정했습니다.

## Question 대학 생활을 매우 열정적으로 했다고 들었습니다.

대학을 집에서 가까운 곳으로 진학해서 대부분의 일상이 늘 '집-학교-도서관'이었어요. 대학교에 입학하자마자 '원하는 직장에 취업할 수 있을까?'라는 고민을 많이 했나 봐요. 낭만이 없는 대학 생활을 하며 그 흔한 과팅과 미팅을 해본 적도 없었죠. 그렇지만 1학년 1학기 때부터 성적장학금을 받으면서 노력한 만큼 성취감을 느꼈어요. 학과 생활을 충실히 한 덕분에 높은 성적과 더불어 교직 이수도 했고요. 한 학기 조기 졸업하면서 삼성 영양사로 취업도 할 수 있었습니다. 학과 공부 외에도 영양사가 되기 위해 한식·양식 조리 자격증, 컴활 2급, MOS master 등의 자격을 취득하고, 음식 전문점에서 서비스직 아르바이트, 취업동아리 회장, 대학생 푸드 자원봉사 팀장 활동 등의 경력을 쌓기도 했어요.

## Question 대학 시절 특별히 기억에 남는 에피소드가 있으신지요?

대학교 시절 대학생 자원봉사단의 임원으로 활동했어요. 울산광역시와 연계된 자원봉사단체에서 활동하면서 요양원과 고아원에 제공할 음식을 선정하고 만들었어요. 그 봉사단체가 '푸드뱅크'입니다. 푸드뱅크란 식품제조업체와 유통업체, 개인으로부터 식품과 생활용품을 받아 경제적 어려움을 겪는 이들을 지원해 주는 단체이자 프로그램입니다. 저는 유통기한이 임박한 빵과 음료수, 포장이 뜯기거나 찌그러져서 상품성이 떨어진 가공식품 등을 직접 기증을 받으러 간 뒤, 필요한 가구 수만큼 배분하여 전달하는 업무를 했습니다. 유통기한이 임박하거나 찌그러진 가공식품을 드리면서 처음에는 '좋아하지 않으시면 어쩌지?'라는 걱정스러운 마음이 들기도 했답니다. 하지만 그것은 저의 완전한 착각이었습니다. 기증받으시는 할머니는 환하게 웃으시며 집까지 찾아와서 말동무해주는 것만으로도 즐거워하셨고 따뜻한 밥상도 차려주셨습니다. 우리나라는 '음식으로 정을 나누는 민족'이라고 합니다. 막연하고 멀게만 느껴졌던 이 말이 가슴에 와 닿았던 날이었죠. 이 일을 계기로 저도 단순히 밥을 제공하는 사람이 아닌, 음식으로 정을 나누는 영양사가 되고 싶다는 다짐을 하게 되었습니다.

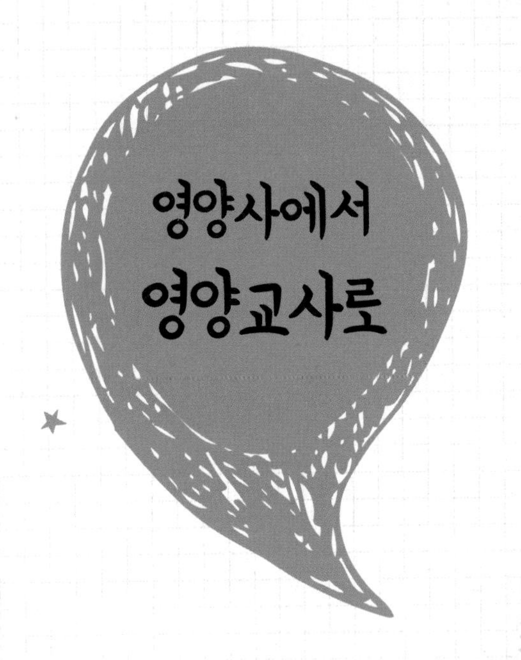

# 영양사에서 영양교사로

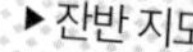

▶ 잔반 지도

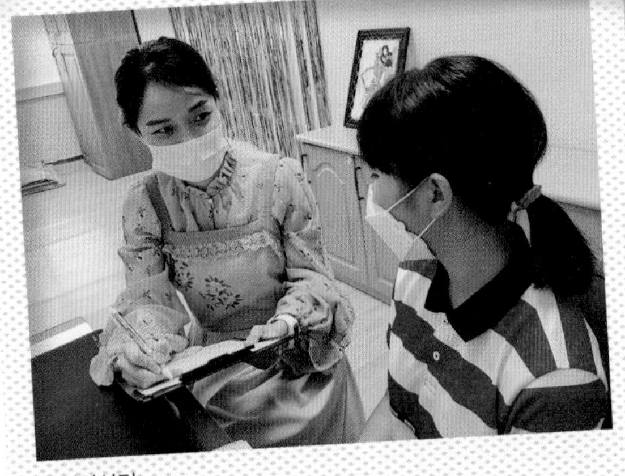

▶ 영양상담

▶ 영양 수업

## Question 대학 졸업 후 첫 업무는 어떠셨나요?

첫 업무는 식재료 검수였어요. 납품된 식재료의 납품 상태, 불량 여부, 원산지, 유통기한 등을 점검하고 그 내용을 기록하는 겁니다. 식재료 검수는 매우 중요한 업무예요. 식품은 원재료에서부터 제조, 가공, 보존, 유통, 조리단계를 거쳐 최종 식판에 올라오는데, 영양교사로서 급식 현장에서 가장 처음 확인할 수 있는 단계가 검수이기 때문이죠. 이 과정에서 불량을 놓치게 되면 식중독의 위험이 커지므로 꼼꼼히 확인하여 위해요소를 사전에 차단해야 합니다.

## Question 이전의 커리어가 현 직업에 미친 영향이 있었나요?

영양사를 8년을 하며 경험했던 모든 것이 영양교사로 근무하는 모든 업무에 도움을 줍니다. 일단 단체급식 업무라는 공통사항이 있기에 전체적인 큰 틀이 낯설지 않아 적응하기 쉬웠고요. 가장 영향을 미친 것은 '직업 만족도'라고 생각합니다. 영양사와 영양교사 모두 단체 급식을 하며 겪는 좌절과 고충에서 비슷한 점이 있습니다. 영양사 시절 좌절을 겪고 이겨내는 과정에서 내적으로 탄탄하게 성장했죠. 한층 성숙한 상태로 영양교사가 되고 나니, 큰 어려움 없이 업무나 인간관계에서 부정적인 면보다는 긍정적인 면을 바라볼 수 있었습니다.

## Question 직업으로 영양교사를 선택하시게 된 계기가 있나요?

여러 가지 이유가 있지만, 영양교사를 선택하게 된 계기는 산업체 급식소에서 영양사로 근무하면서 적성에 잘 맞고 오래 근무하고 싶다고 생각했기 때문입니다. 열정을 다해 회사 내에서 성장하고 싶은 욕구가 깄지만, 막상 결혼하고 육아를 시작하니 회사에서 어디로 발령이 날지 늘 조마조마하며 마음을 졸이기 일쑤였습니다. 아이가 어리니까 엄마의 손길이 매우 필요하지만, 어디든 적재적소에 배치되는 대기업 영양사의 특성상, 앞으로 발령 날 사업장의 출퇴근 시간을 예측할 수 없다는 점에서 '육아를 병행하기 어려운 사업장에 발령이 나면 어쩔 수 없이 퇴사라는 선택을 할 수밖에 없겠구나.'라는 생각에 문득 겁이 나기도 했죠. 그래서 둘째 육아휴직 기간에 영양교사에 도전하게 되었고, 최종 합격하게 되었어요. 좋아하는 일을 정년까지 할 수 있다는 생각에 너무 기뻤습니다.

## Question 일하실 때 가장 중요하게 생각해야 할 부분은 무엇인가요?

책임감이라고 생각합니다. 영양교사는 급식소의 총책임자입니다. 건강과 직결되는 접점에서 근무하고 있기에 더욱더 엄중한 책임감을 지니고 임해야 합니다. 위생과 안전을 가장 최우선으로 여기고 위생사고, 안전사고가 일어나지 않도록 매월 조리 종사자 위생·안전 교육, HACCP 교육을 하죠. 또한, 피급식자의 건강한 신체적 역량을 위하여 늘 식단을 연구하고 고민하여 균형 있는 식단을 구성해야 합니다.

## Question 현재 하시고 있는 일에 관한 자세한 설명 부탁드립니다.

현재 근무하고 있는 경남 거창 월천초등학교는 달가람이라는 예쁜 별명을 가진 웃음이 가득한 학교입니다. 조사 통계에 따르면 학생들이 학교에서 가장 즐겁다고 생각하는 시간이 급식 시간과 체육 수업이라고 합니다. 저는 그중에 급식 시간을 담당하는 영양교사입니다. 급식 시간에 학생들이 식사 예절을 함양하고, 올바른 식습관을 형성할 수 있도록 인성 교육과 편식 지도, 5대 영양소가 골고루 들어간 식단을 구성하여 제공하고 있습니다. 그리고 전교생 영양수업과 영양 상담을 통해 수업과 급식을 연계하여 이론을 실천으로 옮길 수 있도록 식생활과 영양교육을 하고 있습니다.

## Question 직업적 특이사항과 근무환경을 알고 싶습니다.

초등학교에서 근무하고 있어서 근무시간이 일정하고 공휴일과 주말에 가족과 함께할 수 있다는 점에 만족도가 매우 큽니다. 영양교사 사무실도 공사한 지 만 2년이 되지 않아서 넓고 쾌적하고요. 조리장은 매일 조리를 하고 물을 쓰기 때문에 대개 잔고장이 많고 기계의 수명이 짧습니다. 노후 기계 확인 후 필요에 따라 A/S와 구매를 통해 근무환경을 개선해 나가고 있습니다. 연봉은 해마다 공개되는 공무원 봉급표를 확인하시면 정확히 알 수 있을 거예요. 대학교 졸업 후 영양교사가 되면 8호봉부터 시작하는데, 저는 영양사 경력을 100% 인정받아서 현재 19호봉입니다.

## Question 일하시면서 가장 보람을 느낄 때는 언제인가요?

수업할 때 학생들이 적극적으로 참여하고, 학생들이 또 언제 수업하냐면서 영양 수업을 기다릴 때 보람을 느낍니다. 아무래도 강의식 수업보다 요리 실습과 같은 체험 활동이 주를 이뤄서 학생들의 호응이 높은 편이죠. 그래도 역시 가장 보람을 느낄 때는, "맛

있어요. 레시피 알려주세요."라는 요구와 함께 빈 식판이 많아질 때입니다. 잔반이 제로가 될 수는 없지만, 제로에 가깝다고 봐도 무방할 만큼 잔반이 적을 때도 있어요. 영양교육 실시의 어려운 점은 즉효성이 없다는 거예요. 즉, 섭취한 음식이 신체적인 효과로 나타나는 것은 오랜 시간에 걸쳐 서서히 나타나기 때문에 비가시적이고 장기적이라고 볼 수 있죠. 그렇기에 당장 눈에 보이지 않아도 건강한 식습관 형성이 중요한 이유이기도 합니다. 영양교사가 유일하게 구체적인 성과를 눈앞에서 확인할 수 있는 것이 바로 '잔반'입니다. 그날의 잔반을 통해 영양교사는 메뉴를 평가하고, 성찰하게 됩니다. "잘 먹었습니다. 감사합니다."라는 따뜻한 말 한마디와 빈 식판이 가장 행복감으로 다가오죠.

## Question 영양교사에 대한 오해와 진실이 있다면 무엇인가요?

영양교사에 대한 오해는 영양교사가 선호하는 메뉴를 식단에 중복적으로 편성한다는 것입니다. 이것은 오해임을 말씀드립니다. 저만 하더라도 개인적인 기호도로 봤을 때, 생선을 선호하지 않음에도 불구하고 주 1회는 무조건 생선을 편성합니다. 생선구이, 생선조림, 생선찌개, 생선 강정 등 다양한 조리법으로 생선을 제공하지만, 생선을 싫어하는 피급식자에게는 주 5회 중 주 1회 나오는 생선이 각인되어서 많이 나온다고 충분히 오해하실 수 있죠. 단체급식의 특성상 모든 사람이 좋아하는 메뉴, 모든 사람이 좋아하는 간(염도, 당도)을 맞추는 것은 불가능에 가깝습니다. 그러다 보니 어떤 메뉴를 제공하더라도 만족도 조사를 해보면 모두가 만족하는 메뉴를 찾기란 쉽지 않아요. 그렇기에 영양교사의 진실은 5대 영양소가 골고루 함유된 영양 가득한 식판 제공을 위해 오늘도 노력하고 있다는 것입니다.

# 다양한 채널로 정보 공유하기

▶ 해양수산부장관상 수상

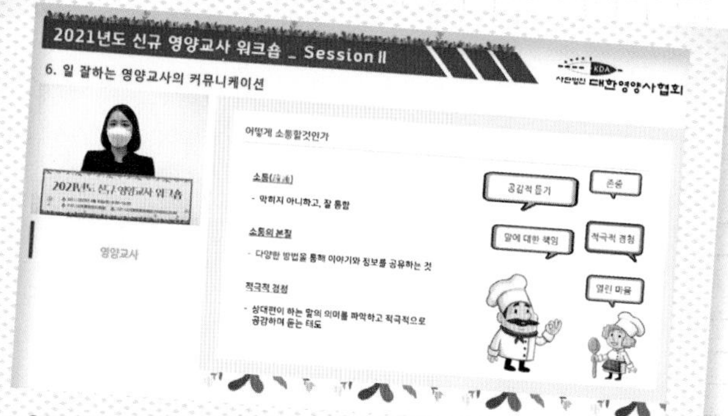


▶ 2021 신규 영양교사 강의_(사)대한영양사협회 주최

▶ KBS 세이프K '식중독 편' 촬영 장면

Question

## 본인만의 식품 철학이 있으시다면 무엇인가요?

'음식이란 만드는 사람에게 마음을 담게 하고, 먹는 사람에게 기쁨을 주어야 한다.'입니다. 저의 오래된 카톡 프로필 상태 메시지이기도 하죠. 영양교사라는 직업의 가장 본질적인 의미는, 단순히 밥을 제공하는 것이 아니라 정성을 담아 맛있게 조리하여 맛있게 먹을 사람을 생각하며 식단을 구성하고 레시피를 만드는 과정입니다. 노력의 결과로 피급식자가 기쁘게 먹는다면 더없는 보람을 느낍니다.

Question

## 힘들 때도 있을 텐데요?

힘들었을 때는 인간관계에 있어서 어려움을 겪을 때입니다. 업무에 있어서 모르는 업무는 배워서 하면 되고, 시간이 오래 걸리는 업무는 초과 근무를 해서라도 해내면 됩니다. 일에 있어서는 두려움이 없는 편인데, 인간관계는 정답이 없잖아요. 그래도 지금은 경력도 10년이 넘었고, 결혼도 하고 두 아이를 육아하며 다양한 연령대의 사람들과 대화하는 것이 편해졌어요. 20대 초반에 처음 사회생활을 시작했을 때 외에는 사람 때문에 힘들다고 느낀 적은 거의 없습니다. 처음에 입사했을 때 부모님보다 나이가 많은 조리사, 조리원들과 어떻게 소통해야 할지, 고객들의 컴플레인에 어떻게 대응해야 할지, 모든 것이 서툴렀고 힘들었습니다. 하지만 그때 사람들과 어떻게 하면 잘 지낼 수 있을지 고민을 많이 하고 다양한 사람들을 만난 덕분에 지금은 새로운 사람들을 만나더라도 두려움이 없고, 함께 일하는 동료가 있어서 출근길이 즐겁습니다. 바쁜 업무를 마치고 따뜻한 차 한 잔을 마시며 조리 종사자들과 대화하는 시간도 좋고요.

## 스트레스를 어떻게 푸시나요?

줌바 댄스와 친구들과의 대화를 통해서 스트레스를 해소합니다. 줌바를 한 후 땀을 흘리고 나면 기분이 상쾌합니다. 줌바 외에도 요가, 스트레칭, 근력 운동 등 다양한 운동으로 기분 전환을 하고 있어요. 운동이 스트레스의 발산을 도와주는 방법이라고 한다면, 친구들과의 대화는 저에게 마음의 안식을 주는 수단입니다. 그저 안부를 묻고, 일상을 나누는 것만으로도 심리적인 만족감이 큽니다.

Question

## 앞으로 삶의 목표가 무엇인가요?

영양교사로서 저의 목표는 스페셜리스트(specialist)가 되는 것입니다. 스페셜리스트란 한 분야에 '전문가'의 범위를 넘어서서 한 영역을 대표하는 사람입니다. 저는 정년까지 영양교사의 일을 하고 싶은데, 어떻게 하면 제가 좋아하는 영양교사의 일에 더욱 충실하고, 매년 성장할 수 있을지 끊임없이 연구하고 있답니다. 제 전문분야를 저만의 방식으로 개척해나간다면 언젠가 스페셜리스트가 되어 있을 거라고 믿습니다. 기존에 해왔던 '영양교사 긍정옥' 유튜브 활동을 계속하면서 '영양교사 에세이', '면접으로 역전하기' 책이 곧 출간하길 기다리고 있습니다. 제가 걸어온 길과 걸어갈 길을 믿으면서 그 안에 다른 사람들이 필요로 하는 중요한 가치를 담기 위해 노력한다면, 그 과정에서 제가 전달하고자 하는 내용에 공감하는 사람들이 생기고 가치의 공유가 일어나리라 생각합니다.

## Question 직업으로서 영양교사의 매력은 무엇인가요?

영양교사의 매력은 '배움의 연속'이라는 것입니다. 새로 나오는 식품 논문, 새로운 교육 과정, 내담자를 도울 영양 상담 기법 등이 계속해서 연구되고 계발될 것입니다. 새롭게 나오는 학문뿐 아니라, 과거 식품의 효능 등 공부해야 할 분야가 매우 많아요. 전 세계에서 나오는 식재료 중 유명한 식재료를 아직 먹어보지 못한 것이 더 많습니다. 전 세계 음식뿐 아니라, 우리나라에서 새롭게 출시되는 기발한 신메뉴들도 따라가기 벅찰 정도로 엄청나게 많지요. 영양 학문은 배움의 의지만 있다면 다방면으로 가지를 뻗어나가 계속해서 전문 지식을 확장할 수 있는 분야라는 것이 굉장히 매력적입니다.

## Question 지인에게 영양교사라는 직업에 대하여 추천 의사가 있으신지요?

제 자녀가 영양교사가 되고자 한다면, 추천할 의사가 있습니다. 지금 초등학생 1학년인 제 큰딸에게 "영양교사가 되고 싶어?"라고 물으니 "아니, 학교 앞 문구점 주인이 되고 싶어."라고 하네요. 제가 어렸을 때 꿨던 꿈과 비슷해서 신기하기도 하네요. 자녀가 어떤 직업을 선택하더라도 의사를 존중하겠지만, 나중에 영양교사라는 직업을 선택한다면 적극적인 도움을 줘서 지름길로 갈 수 있도록 방향을 안내해줄 수 있을 것 같아요.

## Question 식품 관련 직업에 관심 있는 학생들에게 조언 한 말씀.

4사 산업 혁명으로 미래에 사라질 직업과 떠오를 직업에 관한 연구가 계속되면서 연일 매체에는 'AI가 대체할 수 없는 유망 직업'을 소개합니다. 그중 영양사는 상위권에 있습니다. 물론 영양사가 하는 업무 중에 반복적인 업무는 언젠가 AI가 충분히 대체할 수 있을 거라 생각됩니다. 하지만 개인의 질병과 식사에 관한 히스토리와 식습관을 파악해서 맞춤형 헬스케어의 형태로 영양 상담과 영양교육, 식단 제공은 여전히 영양사의 몫일 겁니다. 먹는 것은, 안전과 직결된 문제로 작은 위험성이라도 배제해야 하기에 영양사의 수요는 지속될 것입니다. 다만 다가올 미래에는 영양사 면허 취득만으로 취업으로 연결되기보다는 개인의 전문성 역량의 함양에 집중해야 한다고 생각합니다.

## Question 인생의 선배로서 후배에게 하실 말씀은?

다양한 직업을 탐색 중인 학생이라면 직접 경험, 간접 경험을 많이 해보기를 바랍니다. 예전에는 인터넷에 글로 몇 줄 적힌 설명이 직업을 탐색할 수 있는 전부였지만, 지금은 지금 읽고 계신 이 책과 유튜브에 검색하면 없는 직업이 없을 정도로 다양한 '직업 브이로그'가 올라와 있습니다. 제가 만족하는 영양교사라는 직업도, 누군가에게는 적성에 맞지 않아 퇴사를 선택한 직업이기도 합니다. 적성에 맞지 않아 퇴사를 한 사람들의 이야기도 들어 보며 직업에 관한 시뮬레이션을 그려보길 바랍니다. 물론 실제로 그 일을 하게 되면 다른 느낌일 순 있겠지만, 마음의 준비를 하는 것과 하지 않는 것의 간격은 크다고 봅니다. 직업 만족도가 높다고 해서 일이 힘들지 않은 것은 아닙니다. 오히려 힘든 업무도 보람을 느끼기 위한 과정이며 성장의 과정이라고 생각한다면, 그마저도 직업의 특성으로 자연스럽게 받아들여집니다. 대부분 직장인이 업무를 위해 하루의 1/3 이상의 시간과 에너지를 쏟습니다. 하루하루의 일을 즐겁게 보낸다면 일상조차도 행복해집니다. '나'라는 사람이 누구인지 내면의 대화를 많이 해보시고, 내 성향과 강점을 파악해서 학과와 직업을 선택하신다면 도움이 될 겁니다. 물론 생각했던 길이 내 길이 아니라면 돌아와 새로운 마음으로 다시 시작하시면 됩니다.

호기심이 많은 아이였기에 컴퓨터, 밴드부, 바이올린 등 다양한 활동을 하였으며 학교 임원으로서 리더십도 키웠다. 수학과 과학을 좋아하는 이과 성향의 학생이었으며, 고등학교 때 TV에서 방영한 음식 프로그램의 영향으로 식품공학과로 진학을 결정하게 되었다. 대학 시절에도 전공 인턴십, 자격증, 해외 봉사, 대외활동, 아르바이트, 학생회 등 다양한 경험을 하였다. 세종대학교 바이오융합공학과를 졸업한 후, (주)우리술이라는 막걸리 회사에서 연구원으로 일하면서 식품개발 및 품질관리 업무를 담당하고 있다. 또한 막걸리 배합부터 출고까지 공정관리부터 신제품 개발까지 다양한 업무를 진행하고 있다. 앞으로 식품 분야에 관한 다양한 지식과 경험을 쌓으면서 식품 기술사 자격증을 딴 뒤, HACCP 컨설팅이나 교육원에서 일하는 것을 목표로 하고 있다.

---

㈜우리술 연구소

## 이예지 주임연구원

현) (주)우리술 근무 (식품개발 및 품질관리 업무)

- 세종대학교 바이오융합공학과 졸업
- 세종대학교 바이오융합공학과 입학
- 식품기사, 위생사 자격증 취득
- 제2회 생명과학대학 학술제 최우수상 수상
- 세종나누리 7기/8기 봉사단 활동 외 다수
- 세종대학교 대표상품대회 최우수상 수상
- 세종대학교 고령친화아이디어공모전 수상

# 식품공학기술자의 스케줄

**이예지**
주임연구원의
**하루**

* 매일 고정업무가 아닌 탓에 정확한 업무 일정은 아님

21:00 ~
▸ 취침

06:30 ~ 08:30
▸ 기상 및 출근
08:30 ~ 10:00
▸ 업무 준비 및
실험 샘플 이화학 분석

10:00 ~ 12:00
▸ 이슈 사항 체크 및
HACCP 서류 작성
▸ 공정관리 및
공정일지 작성

12:00 ~ 13:00
▸ 점심식사

13:00 ~ 15:30
▸ 공정관리 및 미생물 검사
▸ 실험주 관능검사
15:30 ~ 17:30
▸ 신제품 개발 실험 및
품질 실험 진행
▸ 보고서 및 업무일지 작성

17:30 ~ 19:00
▸ 퇴근 후 저녁
17:30 ~ 19:00
▸ 걷기운동 및 스트레칭
▸ 여가생활(TV 시청, 게임)

# 먹방이 진로 결정에 디딤돌이 되다

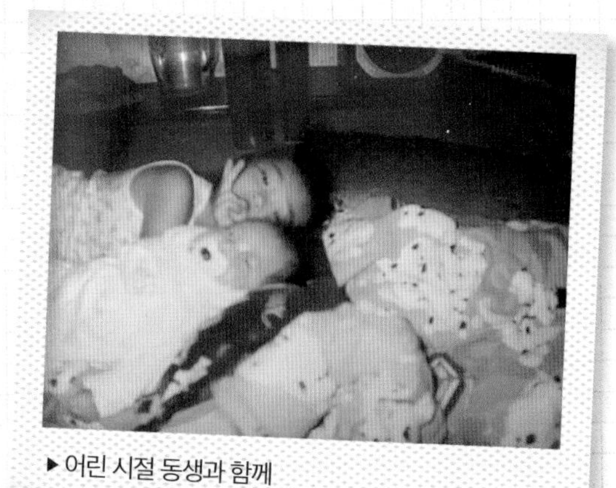

▶ 어린 시절 동생과 함께

▶ 엄마와 함께

▶ 저희 집 식당 앞에서 친척 언니랑

## Question 어린 시절 어떤 성향이었나요?

저는 어렸을 때 호기심이 많은 아이였던 것 같습니다. 여러 가지 도전을 많이 했었고 쉽게 포기하는 성격은 아니었죠. 초등학교 때 육상부에 들어가 사람들이 선호하는 분야는 아니던 멀리뛰기를 선택했고, 방학 때도 운동에 매진하면서 도 대회까지 진출했었던 기억이 있어요. 또 전교 부회장으로 친구와 러닝메이트를 짜서 출마했었는데 개인기까지 펼쳐 보이며 결국 당선됐죠. 컴퓨터, 밴드부, 바이올린 등 재밌어 보이는 분야에 다 도전해봤죠. 일관된 꿈은 없었지만, 당시 유행하던 영화나 만화에 나오는 직업들을 모두 꿈꿨던 것 같습니다.

## Question 좋아했던 과목이나 분야가 있으셨나요?

저는 사회나 국어는 별로 좋아하지 않고 수학과 과학을 좋아하는 이과 체질의 학생이었습니다. 답이 100%인 명확한 것을 좋아했으나 사회나 국어는 답이 여러 개일 수도 있고 사람의 견해에 따라 달라질 수 있다는 점이 저와는 맞지 않았기 때문이죠. 그에 비해 수학과 과학은 답이 정해져 있고 정답을 찾았을 때 성취감이 좋아서 몇 시간이고 공부해도 지루하지 않았어요.

## Question 학창 시절을 어떻게 보내셨나요?

고등학교 1학년 때부터 기숙사 생활을 했고 밤 10시까지 야간자율학습을 하고 토요일에도 공부해야 했죠. 기숙사 통금이 있는 등 자유로운 상황은 아니었습니다. 그래서 다양한 경험을 못 하고, 그저 평범하게 공부만 열심히 하는 학생이었네요. '대학에 가면은 꼭 다양한 걸 많이 해 봐야지'라고 생각했어요. 그래서 대학교 입학 후 저는 정말 끊임없이 무언가에 도전했답니다.

## Question 부모님이 원하신 직업은 없었나요?

부모님이 기대하신 직업은 식품 계열은 아니었습니다. 취직이 원활하고 어느 정도 보장이 된 의학 계열로 가시기를 원하셨죠. 실제로 정시 때, 식품공학과 외에 의학 계열 분야도 지원했었고요. 식품공학과가 취업률이 낮은 편은 아니었지만, 부모님은 걱정을 좀 하신 것 같아요. 제가 졸업한 학과가 바이오융합공학과입니다. 생명공학과와 식품공학과가 합쳐진 학과로 1~2학년 동안 학과가 통합되었죠. 저는 무조건 식품공학과를 선택할 예정이었으나, 부모님은 '바이오'라는 단어에 굉장한 호감을 느끼시더라고요.

## Question 학창 시절 진로에 도움이 될 만한 활동이 있었나요?

고등학교 때 화학을 수능 과목으로 선택했었는데, 식품공학과에서 화학과 수학을 많이 활용해서 큰 도움이 되더군요. 기초화학, 식품화학, 식품공학 등 화학과 수학을 활용하는 전공필수 과목들이 많아요. 혹시나 문과인데 식품영양학보다는 공학과를 희망한다면 화학과 수학은 필수로 공부하셔야 합니다. 대학교에서의 다양한 경험도 진로에 큰 도움이 되었고요. 가장 도움이 되었던 건 전공 인턴십 과정으로 기업 연구소에서 4주간의 현장실습입니다. 연구소에서 식품개발, 미생물과 이화학 분석 업무를 경험해볼 수 있어서 진로를 결정하는 데에 큰 도움이 되었지요. 또한 카페베네, 그리닛 등의 식품 대외활동 등으로 신메뉴를 먼저 시식해보기도 하고, 쿠킹클래스를 체험하면서 다양한 식품 이슈 등을 미리 알 수 있었죠.

## 진로 결정에 영향을 준 멘토가 있나요?

고등학교 때 기숙사 생활을 했기에 룸메이트 선배들이 저에게 큰 영향을 주었던 것 같습니다. 고등학교에 입학하고 어느 정도 기간이 지난 후에도 진로를 결정해야겠다는 마음이 들지 않았습니다. 같이 지내던 기숙사 언니들은 대학과 학과를 정해놓고 관련 활동과 공부를 이미 하고 있었죠. 의학을 희망하는 언니는 주말 병원 봉사를 시작했고, 수학교사를 희망하는 언니는 수학 심화 과정을 공부하고 있었죠. 그러한 선배들의 모습이 진로 결정에 영향을 주었죠.

Question

## 식품 관련 학과를 전공하게 된 계기는 무엇이었나요?

고등학교 때 진로에 대한 고민을 많이 했고, 저 자신에 대해 생각을 깊게 했던 것 같네요. 어릴 때 부모님이 식당을 하셨기에 그것과 관련해서 진로 고민을 했었죠. 그 당시 제가 자주 보고 좋아하는 TV 프로그램이 '먹거리X파일'이었어요, 그 프로그램 안에서 식당이나 공장에서 잘못된 점을 심사하시는 분들이 굉장히 멋있어 보였고요. 그러면서 식품위생감시원이라는 직업을 알게 되었습니다. 감시원이 되기 위해서는 식품공학을 전공해야 한다는 사실을 알고 진로를 결정하게 되었죠.

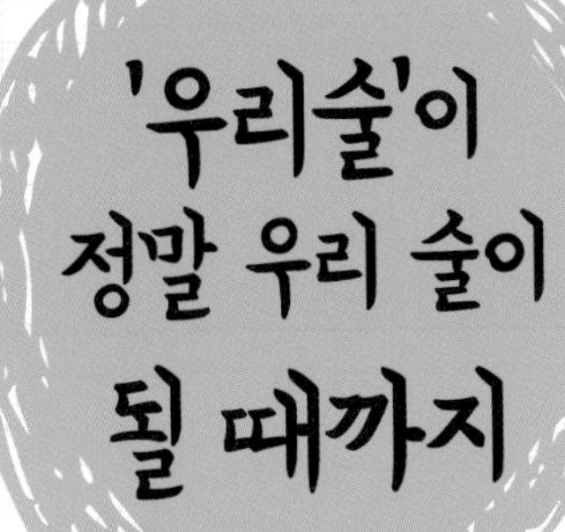

▶ 학창시절 친구들과 함께

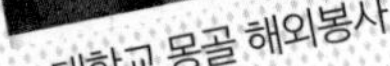

▶ 대학교 몽골 해외봉사

▶ 대학교 졸업식

## Question 대학 생활은 어떠셨나요?

남이 보았을 때 저는 대학 생활을 '알차게 보낸 사람'일 거예요. 대학에 들어오기 전에 최대한 많은 경험을 해보는 게 목표였기에, 1학년~4학년까지 어떻게 보낼지 계획을 짜기도 했답니다. 전공 인턴십, 자격증, 해외 봉사, 대외활동, 아르바이트, 학생회 등 다양한 경험을 했어요. 그러한 활동이 저에게 많은 걸 느끼게 했고요, 지금 생각해보면 주말에 아르바이트하고 평일에는 통학하면서 여러 활동을 하는 게 힘들 수도 있었겠지만 재미있고 열정적으로 했던 것 같아요. 후배들에게도 다양한 활동을 권하기도 합니다. 그것이 나중에 직장생활의 밑거름이 되거든요.

## Question 대학 시절에 특별한 에피소드가 있으신지요?

대학교 3학년 때 식품개발 수업을 수강한 적이 있었습니다. 저희가 개발한 식품은 인스턴트 땅콩 국수로서 고령화 시대에 맞춰 노년층을 겨냥해 개발했습니다. 개발하는 단계에서는 어려운 점이 없었죠. 오히려 시장조사를 다니는 것도 재밌었고, 개발 또한 신기했었습니다. 가장 힘들었던 건 전시회를 준비하는 것이었는데, 100여 명의 시식원을 위한 시식 샘플을 준비해야 했기 때문이에요. 둘이서 100명이 먹을 땅콩 국물을 만드는 건 전쟁이었죠. 가정용 믹서기로 거의 온종일 땅콩을 갈고 면을 삶았던 기억이 있습니다. 전시회 준비와 다른 전공수업도 수강하는 일주일은 정말 힘들었지만, 전시회를 성공적으로 끝낸 후에 성취감은 정말 좋았죠. 교수님의 추천으로 고령 친화 아이디어 공모전에 제품을 출품했고, 장려상이라는 좋은 결과를 얻었답니다. 그리고 얼마 후에 모 식품기업에서 콩국수 라면이 출시되었다는 소식을 듣게 되었죠. 저희가 개발한 제품이 요즘 트렌드와 잘 맞았다는 생각에 더욱더 흐뭇해졌죠.

## Question 직업으로 식품공학기술자를 선택하시게 된 계기가 있나요?

처음엔 식품위생감시원이 되고 싶었어요. 하지만 식품공학과에서 공부하면서 다양한 진로가 있다는 걸 알게 되었죠. 식품위생감시원은 공무원으로서 뽑는 인원도 적고 다양한 경험을 할 수 없다는 것이 저에겐 단점이었습니다. 여러 식품전공수업을 들으며 개발 업무와 품질관리에 관심이 생겼고, 여러 업무를 경험해볼 수 있는 식품공학자라는 직업에도 관심이 갔어요. 기업 연구소에서 직접 연구원들을 만나며 현장실습을 한 경험이 결정적이었죠.

## Question 이전의 커리어가 현 직업에 미친 영향이 있었나요?

저는 대상 연구소에서 4주간 현장실습을 진행하였는데, 그 경험이 입사 초기에 큰 도움이 되었죠. 실제로 제품을 개발하여 사람들 앞에서 발표도 해보고 이화학 분석과 미생물 분석을 실제 업무처럼 진행했었죠. 대부분 작은 기업에서는 짧은 기간 업무인수인계 과정을 거친 후 실전에 투입되는 경우가 많아요. 저 또한 입사 시 한 달 정도의 교육 후에 바로 업무에 투입되었거든요. 현장실습 경험이 많은 도움이 되었습니다.

## Question 입사 후 첫 업무는 어떠셨나요?

업무인수인계를 받은 후 완제품을 분석하는 업무를 담당하게 되었죠. 완제품 분석이란 당일 생산하는 제품을 시간별로 샘플링한 후 외관은 괜찮은지, 품질은 잘 유지되어 생산되었는지, 관능은 괜찮은지, 추후 미생물에는 이상이 없는지 등 제품검사를 진행하는 업무입니다. 막걸리 제품이기에 미생물과 관능, 알코올 검사를 포함한 5가지의 이화학 검사를 진행하고, 검사 결과가 나오면 그에 따른 일지를 작성하고 HACCP일지와 공정일지도 작성했어요.

## Question 일할 때 가장 중요한 부분은 무엇일까요?

물론 '안전'이죠. 저희는 식품의 입고부터 생산 출고까지 관리하기에 주위에 위험 요소들이 많아요. 공장 내, 외부 어디서든 위험 요소들이 존재하기에(식품기기, 지게차 등) 우선 작업자 안전을 생각하며 업무를 진행하여야 합니다. 또한 식품의 안전이 중요하죠. 식품을 안전하게 소비자한테 전달하기 위한 작업이 식품공학기술자에 가장 중요한 업무입니다. 식품이 만들어지기까지 원료부터 담금, 살균, 포장 등 여러 작업이 있는데, 하나하나 체크해서 잘 관리하는 것이 중요합니다.

## Question 현재 하시는 일에 관하여 구체적인 설명 부탁드립니다.

㈜우리술이라는 회사는 막걸리를 제조하는 업체로 막걸리 담금 공정부터 진행하여 다양한 막걸리를 만들어 내고 있습니다. 대표제품으로는 가평잣생막걸리, 톡쏘는알밤동동 등의 제품이 있으며, 탁주는 물론 약주와 유통기한이 1년인 살균 탁주도 생산합니다, 이러한 제품은 대형 마트나 편의점에서 쉽게 보실 수 있습니다. 제가 우리술이라는 회사에 들어오고 싶었던 점은 중소기업인데도 불구하고 품질 유지와 품질 향상에 큰 노력을 하고 있었기 때문입니다. 우리술은 막걸리 업계 최초 2013년 HACCP 인증을 받았으며, 그 이후에도 계속 유지 중입니다. 저는 신제품 개발과 품질관리 업무를 담당하고 있습니다. 우리술에는 대표제품들 외에도 다양한 수출제품도 있답니다. 몇몇 제품들은 제가 직접 레시피를 개발하고 실험하여 만든 제품이기에 보람과 긍지도 큽니다. 매일 3시에 관능검사를 진행하고 있는데 직접 개발한 실험주나 타사제품을 관능하며 트렌드를 파악하고, 개발한 제품에 관한 평가를 합니다. 제품을 개발하였다면 공장에서 제조해야 하는데, 그러한 제조공정을 관리하는 공정관리 업무도 맡고 있죠. 저는 살균 탁주 공정관리 업무를 하고 있고, 배합부터 포장까지 제품이 만들어지는 공정 하나하나를 관리합니다.

# 넓은 경험이 전문가를 만든다

▶ 발효실 내

▶ 연구소 내

▶ 제조공장 내

## Question 근무 여건이나 급여 조건이 궁금합니다.

대부분 식품공학기술자들은 본사에 근무하는 연구소 직원을 제외하고는 공장과 같은 위치에 근무지를 두고 있을 거예요. 그래서 대부분 근무지가 서울에는 없고 수도권 외곽 쪽에 위치하여 기숙사가 제공되는 회사들이 많아요. 식품공학기술자로 품질관리를 맡으신다면 공정관리를 진행해야 하기에 공장을 많이 출입하게 되죠. 대부분 위생복을 입고 있거나 실험복을 입고 근무합니다. 그렇기에 액세서리류는 착용이 금지되어 있고 손톱 청결도 중요하기에 네일아트도 허용이 안 됩니다. 관능검사나 개발 시에 자사제품은 물론 타사제품까지 굉장히 많이 먹어봐야 하기에 술을 먹을 줄 알아야 하죠. 연봉은 타 업종의 공학기술자에 비해 높지는 않은 편이지만 복지가 좋은 편이에요.

## Question 식품공학기술자가 되고 나서 새롭게 알게 된 점이 있나요?

대학생 때 HACCP에 관해 배우고 타 공장에 현장학습을 간 적도 있지만, 실제로 일을 해보니 생각보다 체계적으로 식품생산관리가 이루어지고 있다는 점을 알게 되었죠. 청결은 물론 지속적인 위생점검이 철저히 관리되고 있고, 서류 하나하나가 체계적으로 보관이 되고 있었죠. TV에서 문제가 있는 공장들, 청결하지 못한 모습을 자주 봤었는데, 대부분 공장은 매우 청결하게 관리되고 있습니다. 또한 제품을 만들 때 이용하는 첨가물들이 일반 음식을 만들 때 사용하는 것과는 아주 다르다는 걸 알게 됐죠. 보통 일상에서 많이 사용하는 설탕, 과일, 채소 등을 사용하기보다는 향, 농축액, 분말, 시럽 등의 첨가물들을 사용해 실생활에서 요리할 때 쓰이는 제품들을 쉽게 찾아볼 순 없답니다.

## Question 일하면서 가장 보람을 느꼈을 때는 언제인가요?

제가 처음으로 개발한 제품이 사람들에게 좋은 평가를 받았다는 소식을 들었을 때 가장 보람을 느낀 순간이었죠. 식품은 마트나 편의점, 식당에 가면 쉽게 접할 수 있는 제품이기에 제가 실험한 제품이 보이거나 드시는 소비자들의 모습을 볼 때 가장 뿌듯하고 보람을 느낍니다.

## Question 일하시면서 힘든 시기도 있었을 텐데요?

제가 입사하고 2년 정도 팀에서 계속 막내였습니다. 선임도 있었고 대리님도 두 분이나 계셨죠. 비슷한 또래였기에 매우 친해지기도 했고 많이 챙겨주시기도 했답니다. 그러다가 대리님들이 비슷한 시기에 퇴사하셨고, 제 선임도 몇 달 후에 몸이 아파서 퇴사하게 되었죠. 갑자기 막내에서 최고선임이 되어버리는 상황이 되었답니다. 선임으로서 적응하는 일이 심적으로나 육체적으로 아주 힘들었죠. 그동안 맡지 않던 중요한 업무들을 맡게 되어 부담감도 많이 느꼈고, 신입이 들어올 때마다 인수인계도 해야 했기에 굉장히 바쁘고 힘들었던 시기였었죠.

## Question 스트레스를 푸는 방법이 있나요?

제가 주류회사에 다니는 만큼 술과 함께 음식을 먹는 걸 굉장히 좋아합니다. 그래서 업무 스트레스가 쌓일 때면 친구들을 만나 맛있는 음식과 술을 먹으며 이야기하면서 스트레스를 푸는 편이죠. 제가 자라온 고향에서 근무하기에 동네에 친구들이 많아서 가능한 일이죠. 친구들을 만날 수 없을 때면 집에서라도 맛있는 음식에 혼술도 자주 하는 편입니다. 좋아하는 프로그램을 보면서 술과 함께 맛있는 음식을 먹는 것이 저의 소확행(小確幸)이라고 할 수 있죠.

## Question 앞으로 어떤 목표로 나아가실 건가요?

좀 더 폭넓은 식품 분야에 관한 지식을 쌓고 기술사 자격증을 딴 뒤 HACCP 컨설팅이나 교육원에서 일하고 싶어요. 지금 진로 고민을 하는 사람들처럼 많은 기업체도 HACCP 인증에 관해서 고민하고 있습니다. 제가 지금 사람들에게 조언하는 것처럼, 기업이 인증을 수월하게 받을 수 있게 기술지원을 해주고 싶거든요.

## Question 주변에 식품공학기술자를 추천하시나요?

식품은 실생활에서 흔히 볼 수 있는 소비재입니다. 이러한 점이 식품공학기술자로서 매력을 느낄 수 있는 점이 된다고 생각해요. 제가 개발하거나 품질 관리한 제품을 수많은 소비자가 접한다는 사실이 뿌듯하죠. 주변 식당이나 마트, 편의점에만 가도 확인할 수 있습니다. 다른 직업에 비해 일상에서 보람을 느낄 수 있는 일이어서 추천할 만합니다.

## Question 진로를 고민하는 학생들에게 조언 한 말씀.

진로를 위한 자격증, 대외활동, 학점, 업무도 중요하지만, 일단 다양한 경험을 해보라고 말씀드리고 싶네요. 식품개발업무의 경우 다양한 경험을 해본 것이 새로운 제품을 만드는 아이디어의 원동력이 됩니다. 다양한 사람들을 만나고 이야기해본 경험이 직장 내에서 원활한 소통이 이루어지게 하거든요. 식품공학기술자가 되기 위한 스펙도 중요하지만, 틈틈이 동아리나 아르바이트, 해외여행 등으로 견문을 넓히는 과정도 게을리하지 않았으면 좋겠네요. 저는 주말이나 방학에 아르바이트하면서 여행을 다니고 해외 봉사도 했고 긴 통학 시간에도 다양한 활동을 했답니다. 좋은 추억을 많이 남기세요. 파이팅!

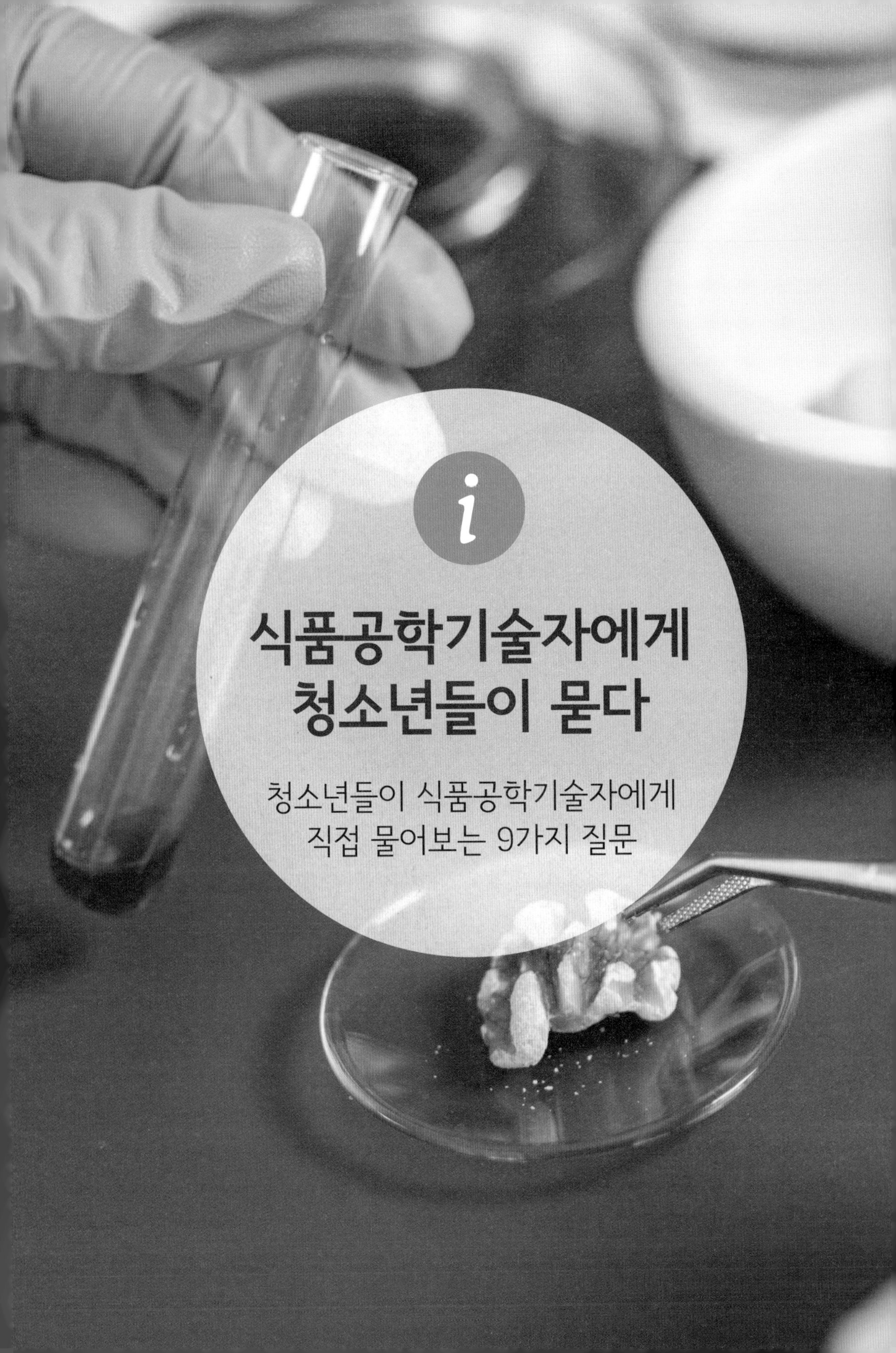

# 식품공학기술자에게 청소년들이 묻다

청소년들이 식품공학기술자에게
직접 물어보는 9가지 질문

## 공직생활을 하다가 교수가 되셨는데 어려운 점은 없었나요?

공직에서는 주로 이해관계인 또는 특정인을 대상으로 강의와 보고를 많이 했었죠(1시간을 넘지 않도록). 대학교에서는 전공지식이 부족한 다수의 식품 전공 학생을 대상으로 눈높이에 맞추어 2~3시간씩 강의합니다. 물론 처음 1~2년은 강의 준비하는 데 많은 시간과 노력이 필요해서 쉽지 않았죠, 또한 학생들의 반응에 민감해야 하는 게 새롭게 맞닥뜨리는 불편한 경험이었어요.

## 식품공학에 관심 있는 학생들에게 해주고 싶은 말씀이 있나요?

식품공학은 다른 산업에 비해서 진출할 수 있는 방향이 매우 많습니다. 생화학을 공부해서 의대 교수를 하는 친구와 후배도 있고, 식품 포장을 공부해서 대학교수를 하거나 S그룹의 임원으로 있는 친구도 있습니다. 분자생물학을 공부해서 제약회사 연구소장으로 있는 후배, 식품회사에 취업해서 허니버터칩을 만들었다고 신문에 자주 나오던 후배도 있고요. 대학 전공을 선택할 때 지금 얼마나 화려한가를 보지 마세요. 그 분야의 국내에서의 매출 규모나 우리나라가 세계적으로 어떤 위상에 있는지를 보고 결정하는 게 중요할 것 같습니다. 식품공학은 매출 규모도 크고(식품, 제약, 기타 바이오를 합치면 더 크죠), K-컬쳐의 영향으로 세계적인 위상도 높아져서 꽤 가능성 있는 산업입니다.

### 직업으로서 식품기술자를 추천할 의향이 있으신지요?

100% 추천합니다. 아무리 사회가 다양화되더라도 사람이 사는 데는 의식주가 필수죠. 레저나 건강, 취미, 여행은 그다음이죠. 의식주 관련한 직업은 필수 분야이므로 코로나 시국, 경제 불안 등 악조건이 발생해도 다른 분야보다는 덜 영향을 받습니다. 이 중에서 먹는 것이 가장 중요한 부문이므로 식품 관련 분야를 선택하는 게 유리하죠. 다만 경쟁이 많으니까 남들과는 차별화된 분야를 선택하길 바랍니다.

### 학교에서 영양교사의 역할은 무엇인가요?

2007년도부터 시작해 학교 현장에서 영양교사가 되어 교육자의 길을 걸어온 지 올해로 14년이 됐습니다. 제가 초등학교에 다닐 때만 해도 영양교사라는 직군이 없었기 때문에 누군가에게는 낯선 직업일 수도 있겠네요. 하지만 실제 교육 현장에 와보니 학교급식과 연계한 영양교육을 통해 실천 교육을 실현하기 위해 꼭 필요한 직군이라는 걸 알게 되었습니다. 학교급식은 단순히 음식 제공과는 차별화된 미래 가치가 있답니다. 교육과 병행된 급식이 이루어져야만 식습관을 건강하게 형성할 수 있고, 비만과 저체중, 편식 등을 능동적으로 대처할 수 있죠. 그래야 대한민국의 미래 주역인 학생의 건강권을 확보할 수 있기 때문입니다.

### 식품공학기술자가 되려면 석사 이상의 학위가 필요한가요?

식품공학기술자는 무조건 석사나 박사까지 해야 한다고 생각하시는 분들이 있을 것 같습니다. 맞기도 하고 틀리기도 하죠. 저는 현재 학사로 졸업하고 식품개발업무를 하고 있습니다. 다른 회사에도 학사연구원을 뽑는 곳도 많아요. 하지만 석사 이상인 분을 모집하고 선호하는 회사도 있습니다. 균을 취급한다든지, 전문적인 지식으로 제품을 개발해야 하는 업종의 경우에는 필수로 요구할 수 있겠죠. 학사로서 식품개발연구원으로 일하고 있는 경우도 많답니다.

### 식품공학기술자가 되기까지 어떤 과정을 거치나요?

전공에 관한 공부를 많이 했어요. 학교를 졸업하고 회사에 다닐 때도 다시 교과서를 보고 전문용어나 성분에 관하여 연구합니다. '일하기에는 내가 아직 많이 부족하구나'라는 생각이 들어서 대학원에 진학도 했고요. 이 일은 전공이나 전문 지식이 아주 중요한 일이라고 생각해요. 급하게 운영되는 사업현장에서 크고 작은 질문들에 정확한 대답을 해 줘야 한답니다. 다양한 현장 상황에 올바른 개선방안을 찾아줘야 하기에 많은 현장경험도 중요하고요. 저는 3~4년 차까지는 사무실보다 현장에 머물면서 현장 업무를 많이 했어요.

## 근무환경과 근로조건에 대해서 알고 싶습니다.

회사 내에서 연구 분야에 대한 장비 투자 및 연구실 환경에 투자가 잘 이루어지고 있고 첨단시설을 갖춘 환경이어서 근무환경은 좋은 편입니다. 연봉은 회사 규모에 따라 다르겠지만, 2015년 연구소장 당시에도 억대 연봉을 받았습니다. 대기업이냐 중소기업이냐에 따라 연봉 규모가 달라지겠죠.

## 영양교사가 되기 위해 어떤 준비가 필요할까요?

영양교사가 되기 위해서는 일단 식품영양학과에 진학해야 합니다. 영양사 국가고시 응시 자격을 충족하면 국가고시에 응시할 수 있죠. 합격하여 영양사 면허를 획득하면 병원이나 기업 등에 영양사로 취업할 수 있답니다. 한국사, 교원 자격증, 영양사 면허 3가지 조건을 충족하면 영양교사 임용고시에 응시할 수 있어요. 임용고시 1차 시험과 2차 면접에서 합격하면 영양교사(행정부 국가공무원)가 됩니다.

## 식품공학기술자가 되기 위해 어떤 준비가 필요할까요?

고등학생 신분이라면 우선 화학과 수학을 열심히 공부해두는 겁니다. 대학교에서 전공수업에서 가장 많이 활용하는 과목이 수학과 화학이에요. 전공수업 이해와 학점을 위해서 두 과목은 필수입니다. 또한, 주기적으로 '식품안전나라'에 들어가서 식품 이슈들을 본다면 나중에 대학교나 기업에서 면접할 때 도움이 많이 됩니다. 현직자들도 주기적으로 식품 이슈를 체크하고 있기에 앱으로 내려받으면 좋을 것 같네요. 대부분 기업이 식품 관련학과를 나온 사람들을 뽑기 때문에 식품공학기술자가 되기 위해서 식품 관련학과로 진학하는 것이 중요합니다. 식품기사나 위생사 자격증을 우대사항으로 보기 때문에, 대학교 3~4학년 때 위생사나 식품기사 자격증을 취득하길 추천해요. 그리고 전공필수 수업을 들어보면서 식품공학기술자로 연구원이 될 것인지, 대학원으로 진학할 것인지 등을 잘 판단해서 전공선택 과목을 수강하시면 좋답니다. 저는 식품미생물학, 발효식품학, 식품첨가물학, 식품개발 수업 등이 현재 막걸리 개발업무를 하는 데에 큰 도움이 되고 있어요. 또한, 미생물실험 업무를 진행할 가능성이 크기에 실험 수업은 모두 수강하시면 좋고요. 교내에 업무 관련 인턴십 과정이 있다면 꼭 찾아서 신청하세요.

# 예비 식품공학기술자 아카데미

# 식품공학 관련 대학 및 학과

## 식품공학과

### 학과개요

식품공학은 생물, 화학, 물리 등을 기초로 한 응용과학의 하나입니다. 식품의 효율적인 생산기술, 제품개발, 가공, 품질관리, 식품위생, 발효공정, 생물공학적 기법 등 식품생산에 관련된 기술개발 및 제조장비 등에 관한 기계적 기술론에 대해 연구합니다. 식품공학과는 오늘날의 사회가 요구하는 다양한 식품개발에 필요한 학문을 중심으로 하고 식품의 저장, 유통, 마케팅 등 식품과 관련된 폭넓은 학문과 기술에 대한 전문가 양성에 교육목표를 두고 있습니다.

### 학과특성

먹을거리에 대한 관심은 예나 지금이나 항상 사람들의 주요 관심사이며, 인류의 생활에 필수적인 부분입니다. 때문에 식품을 연구하고 활용하는 식품공학과는 계속해서 발전해 가고, 수요가 지속될 것입니다. 식품공학과는 식품을 효율적이고 과학적으로 생산하는 방법을 배우는 데 중점이 있습니다.

### 개설대학

| 지역 | 대학명 | 학과명 |
|---|---|---|
| 서울특별시 | 경희대학교(서울캠퍼스) | 식품생명공학과 |
| | 경희대학교(서울캠퍼스) | 식품공학과 |
| | 고려대학교 | 식품공학과 |
| | 고려대학교 | 식품공학부 |
| | 국민대학교 | 발효융합학과 |
| | 동국대학교(서울캠퍼스) | 식품생명공학과 |
| | 동국대학교(서울캠퍼스) | 식품과학부 (식품산업시스템전공) |
| | 동국대학교(서울캠퍼스) | 식품과학부 |
| | 동국대학교(서울캠퍼스) | 식품공학과 |
| | 동국대학교(서울캠퍼스) | 식품공학전공 |

| 지역 | 대학명 | 학과명 |
| --- | --- | --- |
| 서울특별시 | 동국대학교(서울캠퍼스) | 식품과학부 (식품공학전공) |
| | 서울과학기술대학교 | 식품공학과 |
| | 서울대학교 | 식품생명공학전공 |
| | 서울여자대학교 | 식품공학전공 |
| | 서울여자대학교 | 식품공학과 |
| | 성균관대학교 | 식품생명공학전공 |
| | 성균관대학교 | 식품생명공학과 |
| | 성신여자대학교 | 바이오식품공학과 |
| | 세종대학교 | 식품공학부 |
| | 세종대학교 | 식품공학전공 |
| | 세종대학교 | 생명시스템학부 (식품공학전공) |
| | 세종대학교 | 식품공학전공 생명식품 |
| | 세종대학교 | 식품공학과 |
| | 이화여자대학교 | 식품공학전공 |
| | 케이씨대학교 | 식품과학부 (식품과학전공) |
| 부산광역시 | 경성대학교 | 식품생명공학전공 |
| | 경성대학교 | 식품응용공학부 |
| | 경성대학교 | 식품생명공학과 |
| | 동서대학교 | 식품생명공학전공 |
| | 동아대학교(승학캠퍼스) | 식품생명공학과 |
| | 동의대학교 | 식품공학전공 |
| | 부경대학교 | 식품공학과 |
| | 부산대학교 | 식품공학과 |
| | 부산대학교 | 식품공학전공 |
| | 신라대학교 | 식품공학전공 |
| 대전광역시 | 건양대학교(메디컬캠퍼스) | 식품생명공학과 |
| | 충남대학교 | 식품공학전공 |
| | 충남대학교 | 식품공학과 |
| 대구광역시 | 경북대학교 | 식품공학부 (식품소재공학전공) |
| | 경북대학교 | 식품공학부 |
| | 경북대학교 | 식품공학부 (식품응용공학전공) |
| | 경북대학교 | 식품과학부 (식품공학전공) |

| 지역 | 대학명 | 학과명 |
|---|---|---|
| 대구광역시 | 경북대학교 | 식품공학부 (식품생물공학전공) |
| | 경북대학교 | 식품과학부 (식품영양전공) |
| | 경북대학교 | 식품공학과 |
| | 계명대학교 | 식품가공학전공 |
| 광주광역시 | 광주대학교 | 식품생명공학과 |
| 경기도 | 가천대학교 (글로벌캠퍼스) | 식품생물공학과 |
| | 경기대학교 | 식품생물공학전공 |
| | 경기대학교 | 식품생물공학과 |
| | 중앙대학교 (안성캠퍼스) | 식품공학부 (식품공학전공) |
| | 중앙대학교 (안성캠퍼스) | 식품공학부 |
| | 차의과학대학교 | 식품생명공학과 |
| | 한경대학교 | 식품생명공학전공 |
| | 한경대학교 | 식품생물공학과 |
| | 한경대학교 | 식품생명화학공학부 |
| 강원도 | 강릉원주대학교 | 식품과학과 |
| | 강릉원주대학교 | 해양식품공학과 |
| | 강원대학교 | 식품생명공학부 |
| | 강원대학교 | 식품공학과 |
| | 강원대학교 | 식품생명공학전공 |
| | 강원대학교 | 농업생명과학대학 (식품생명공학전공) |
| | 강원대학교 | 식품생명공학과 |
| 충청북도 | 건국대학교 (GLOCAL캠퍼스) | 식품생명과학전공 |
| | 건국대학교 (GLOCAL캠퍼스) | 식품생명과학부 |
| | 극동대학교 | 바이오식품공학과 |
| | 서원대학교 | 식품공학전공 |
| | 세명대학교 | 한방바이오융합학과 |
| | 세명대학교 | 한방바이오융합과학부 |
| | 중원대학교 | 한방식품바이오학과 |
| | 중원대학교 | 식품공학과 |
| | 충북대학교 | 식품생명 · 축산과학부 (식품생명공학전공) |

| 지역 | 대학명 | 학과명 |
|---|---|---|
| 충청북도 | 충북대학교 | 식품생명공학과 |
| | 한국교통대학교 | 식품공학전공 |
| | 한국교통대학교 | 식품공학과 |
| | 한국교통대학교 | 식품생명학부 |
| 충청남도 | 공주대학교 | 식품과학부 |
| | 공주대학교 | 식품공학과 |
| | 공주대학교 | 식품공학전공 |
| | 단국대학교 (천안캠퍼스) | 식품공학과 |
| | 상명대학교 (천안캠퍼스) | 식물식품공학과 |
| | 선문대학교 | 식품과학과 |
| | 선문대학교 | 식품과학 · 수산생명의학부 |
| | 중부대학교 | 식품생명과학과 |
| | 한서대학교 | 식품 · 화공생명공학과 |
| | 한서대학교 | 식품생물공학과 |
| | 호서대학교 | 식품생물공학과 |
| | 호서대학교 | 식품공학전공 |
| 전라북도 | 군산대학교 | 식품생명과학부(식품생명공학전공) |
| | 군산대학교 | 식품생명과학부 |
| | 군산대학교 | 식품생명공학과 |
| | 우석대학교 | 식품생명공학과 |
| | 원광대학교 | 식품생명공학과 |
| | 전북대학교 | 응용생물공학부 (식품공학전공) |
| | 전북대학교 | 생명공학부 (바이오식품공학전공) |
| | 전북대학교 | 식품공학과 |
| | 전북대학교 | 바이오식품공학과 |
| | 전주대학교 | 바이오기능성식품학과 |
| 전라남도 | 목포대학교 | 식품공학과 |
| | 순천대학교 | 식품과학부 |
| | 순천대학교 | 식품과학부 (식품공학전공) |
| | 순천대학교 | 식품공학과 |
| | 전남대학교 (여수캠퍼스) | 식품공학 · 영양학부 |

| 지역 | 대학명 | 학과명 |
|---|---|---|
| 경상북도 | 경일대학교 | 식품과학부 |
| | 대구가톨릭대학교 (효성캠퍼스) | 식품공학전공 |
| | 대구가톨릭대학교 (효성캠퍼스) | 식품공학과 |
| | 대구대학교 (경산캠퍼스) | 식품공학과 |
| | 대구한의대학교 (삼성캠퍼스) | 한방바이오식품과학과 |
| | 대구한의대학교 (삼성캠퍼스) | 식품생명공학전공 |
| | 대구한의대학교 (삼성캠퍼스) | 한방식품과학부 |
| | 안동대학교 | 식품생명공학과 |
| | 안동대학교 | 식품생명공학전공 |
| | 영남대학교 | 식품공학전공 |
| | 영남대학교 | 식품공학과 |
| 경상남도 | 경남과학기술대학교 | 식품과학부 (식품생명공학전공) |
| | 경남대학교 | 식품생명학전공 |
| | 경남대학교 | 식품생명학과 |
| | 경상국립대학교 | 해양식품공학과 |
| | 경상국립대학교 | 식품공학과 |
| | 경상국립대학교 | 농화학식품공학과 |
| | 인제대학교 | 바이오식품과학부 |
| | 인제대학교 | 식품생명과학부 |
| 제주특별자치도 | 제주대학교 | 식품생명공학과 |
| 세종특별자치시 | 고려대학교 (세종캠퍼스) | 식품생명공학과 |

# 식품영양학과

## 학과개요

식품영양학은 바른 식생활의 확립을 통해 사람들의 건강 증진에 기여하는 학문입니다. 식품영양학과는 건강한 식품을 공급하여 국민보건 향상에 기여할 수 있는 전문 기술인을 양성하는 것을 교육 목표로 합니다. 학과 과정은 크게 식품학과 영양학으로 구분되며, 식품학은 식품의 생산부터 취급, 소비에 이르는 모든 단계를 연구하고, 영양학은 식품 소비시 인체에 일어나는 생리학적, 생화학적 현상을 연구합니다.

## 학과특성

식품의 다양화 및 외식 산업의 성장 등에 힘입어 식품산업 분야가 주목받고 있습니다. 웰빙, 건강, 유기농, 간편식 등 맞춤형 식품 영양에 대한 수요가 늘어나고 있으며, 최근에는 푸드스타일리스트, 식공간연출가 등 다양한 전문 분야로도 진출 가능합니다.

## 개설대학

| 지역 | 대학명 | 학과명 |
|---|---|---|
| 서울특별시 | 건국대학교(서울캠퍼스) | 식품유통공학과 |
| | 경희대학교(본교-서울캠퍼스) | 식품영양학과 |
| | 고려대학교 | 식품영양학과 |
| | 국민대학교 | 식품영양학과 |
| | 덕성여자대학교 | 식품영양학과 |
| | 덕성여자대학교 | 식품영양학전공 |
| | 동국대학교(서울캠퍼스) | 식품산업관리학과 |
| | 동덕여자대학교 | 식품영양학전공 |
| | 동덕여자대학교 | 식품영양학과 |
| | 삼육대학교 | 식품영양학과 |
| | 상명대학교(서울캠퍼스) | 외식의류학부 (식품영양학전공) |
| | 상명대학교(서울캠퍼스) | 외식영양 · 의류학부 외식영양학과 |
| | 상명대학교(서울캠퍼스) | 외식영양학과 |
| | 상명대학교(서울캠퍼스) | 외식영양 · 의류학부 식품영양학과 |
| | 서울대학교 | 식품영양학과 |
| | 서울여자대학교 | 식품영양학과 |
| | 서울여자대학교 | 식품영양학전공 |
| | 서울여자대학교 | 식품응용시스템학부 |
| | 성신여자대학교 | 식품영양학과 |
| | 숙명여자대학교 | 식품영양학과 |
| | 연세대학교(신촌캠퍼스) | 식품영양학과 |
| | 이화여자대학교 | 식품영양학전공 |
| | 이화여자대학교 | 식품영양학과 |
| | 케이씨대학교 | 식품영양학과 |

| 지역 | 대학명 | 학과명 |
|---|---|---|
| 서울특별시 | 케이씨대학교 | 식품영양학부 (식품영양학전공) |
| | 한국방송통신대학교 | 생활과학과 (식품영양학전공) |
| | 한양대학교(서울캠퍼스) | 식품영양학과 |
| 부산광역시 | 경성대학교 | 식품영양학전공 |
| | 경성대학교 | 식품영양·건강생활학과 |
| | 고신대학교 | 식품영양학과 |
| | 동명대학교 | 식품영양학과 |
| | 동서대학교 | 식품영양학전공 |
| | 동서대학교 | 식품영양학과 |
| | 동아대학교(승학캠퍼스) | 식품영양학과 |
| | 동의대학교 | 식품영양학과 |
| | 부경대학교 | 식품영양학과 |
| | 부산대학교 | 식품영양학과 |
| | 신라대학교 | 식품영양학과 |
| | 신라대학교 | 식품영양학전공 |
| | 신라대학교 | 바이오식품소재학과 |
| 인천광역시 | 인하대학교 | 식품영양학과 |
| 대전광역시 | 대전대학교 | 식품영양학과 |
| | 우송대학교(본교) | 외식조리영양학부 |
| | 충남대학교 | 식품영양학과 |
| | 한남대학교 | 식품영양학과 |
| 대구광역시 | 경북대학교 | 영양식품과학과 |
| | 경북대학교 | 식품영양학과 |
| | 경북대학교 | 식품과학부 (식품영양전공) |
| | 계명대학교 | 식품영양학전공 |
| 울산광역시 | 울산대학교 | 식품영양학전공 |
| 광주광역시 | 광주대학교 | 식품영양학과 |
| | 광주여자대학교 | 식품영양학과 |
| | 남부대학교 | 식품영양학과 |
| | 송원대학교 | 식품영양학과 |
| | 전남대학교(광주캠퍼스) | 식품영양과학부 |

| 지역 | 대학명 | 학과명 |
| --- | --- | --- |
| 광주광역시 | 전남대학교(광주캠퍼스) | 농식품생명화학부 |
| | 전남대학교(광주캠퍼스) | 식품영양학과 |
| | 조선대학교 | 식품영양학과 |
| | 호남대학교 | 식품영양학과 |
| 경기도 | 가천대학교(글로벌캠퍼스) | 영양학과 |
| | 가천대학교(글로벌캠퍼스) | 식품영양학과 |
| | 가톨릭대학교 | 식품영양학전공 |
| | 가톨릭대학교 | 식품영양학과 |
| | 단국대학교(죽전캠퍼스) | 식품영양학과 |
| | 대진대학교 | 식품영양학과 |
| | 명지대학교 (자연캠퍼스) | 식품영양학과 |
| | 수원대학교 | 식품영양학 |
| | 수원대학교 | 식품영양학과 |
| | 신한대학교(의정부캠퍼스) | 식품영양학전공 |
| | 신한대학교(의정부캠퍼스) | 식품영양전공 |
| | 신한대학교(의정부캠퍼스) | 바이오식품산업전공 |
| | 안양대학교(안양캠퍼스) | 식품영양학과 |
| | 용인대학교 | 식품영양학과 |
| | 을지대학교(성남캠퍼스) | 건강식품과학전공 |
| | 을지대학교(성남캠퍼스) | 식품영양학과 |
| | 을지대학교(성남캠퍼스) | 식품영양학전공 |
| | 중앙대학교 (안성캠퍼스) | 식품공학부 (식품영양전공) |
| | 한경대학교 | 식품영양학전공 |
| | 한경대학교 | 영양조리과학과 |
| 강원도 | 가톨릭관동대학교 | 조리외식학과 |
| | 강릉원주대학교 | 식품영양학과 |
| | 강원대학교(삼척캠퍼스) | 식품영양학과 |
| | 강원대학교 | 동물식품응용과학과 |
| | 상지대학교 | 식품영양학과 |
| | 한림대학교 | 식품영양학과 |

| 지역 | 대학명 | 학과명 |
|---|---|---|
| 충청북도 | 건국대학교(GLOCAL캠퍼스) | 식품영양학전공 트랙 |
| | 건국대학교(GLOCAL캠퍼스) | 식품학전공 |
| | 건국대학교(GLOCAL캠퍼스) | 동물성식품소재학전공 트랙 |
| | 극동대학교 | 식품영양학과 |
| | 극동대학교 | 식품발효학과 |
| | 서원대학교 | 식품영양학과 |
| | 세명대학교 | 한방식품영양학부 |
| | 세명대학교 | 바이오식품산업학부 |
| | 세명대학교 | 식품영양학과 |
| | 유원대학교 | 와인식품전공 |
| | 유원대학교 | 와인발효식품학과 |
| | 유원대학교 | 와인식음료학과 |
| | 유원대학교 | 와인발효·식음료서비스학과 |
| | 충북대학교 | 식품영양학과 |
| | 한국교통대학교 | 식품영양학전공 |
| | 한국교통대학교 | 식품영양학과 |
| 충청남도 | 공주대학교 | 식품영양학전공 |
| | 단국대학교(천안캠퍼스) | 식품영양학과 |
| | 선문대학교 | 식품 · 수산학부 |
| | 순천향대학교 | 식품영양학과 |
| | 중부대학교 | 바이오식품학전공 |
| | 중부대학교 | 식품영양학과 |
| | 중부대학교 | 식품영양학전공 |
| | 청운대학교 | 식품영양학과 |
| | 한서대학교 | 항공식품전공 |
| | 호서대학교 | 식품영양학전공 |
| | 호서대학교 | 식품영양학과 |
| 전라북도 | 군산대학교 | 식품생명과학부 (식품영양학전공) |
| | 군산대학교 | 식품영양학과 |
| | 우석대학교 | 식품영양학과 |
| | 우석대학교 | 건강기능식품전공 |

| 지역 | 대학명 | 학과명 |
|---|---|---|
| 전라북도 | 원광대학교 | 식품·환경학부 |
| | 원광대학교 | 식품영양학과 |
| | 전북대학교 | 식품영양학과 |
| | 전북대학교 | 생활과학부 (식품영양학전공) |
| | 전주대학교 | 건강기능식품전공 |
| | 전주대학교 | 건강기능식품학과 |
| | 호원대학교 | 식품환경화공학부 |
| 전라남도 | 동신대학교 | 식품영양학과 |
| | 목포대학교 | 식품영양학과 |
| | 목포대학교 | 친환경바이오융합학과 (식품영양트랙) |
| | 순천대학교 | 식품영양학과 |
| | 순천대학교 | 식품과학부 (식품영양학전공) |
| | 전남대학교(여수캠퍼스) | 해양바이오식품학과 |
| 경상북도 | 경일대학교 | 스마트푸드테크학과 |
| | 경일대학교 | 식품산업융합학과 |
| | 경일대학교 | 식품개발학과 |
| | 경일대학교 | 식품산업융합학부 |
| | 김천대학교 | 식품영양학과 |
| | 대구가톨릭대학교(효성캠퍼스) | 식품영양학과 |
| | 대구대학교(경산캠퍼스) | 식품영양학과 |
| | 대구대학교(경산캠퍼스) | 생명환경학부 (식품환경안전학전공) |
| | 대구한의대학교(삼성캠퍼스) | 한방식품조리영양학부 |
| | 대구한의대학교(삼성캠퍼스) | 식품영양학전공 |
| | 대구한의대학교(삼성캠퍼스) | 한방식품영양학전공 |
| | 대구한의대학교(삼성캠퍼스) | 한방식품약리학과 |
| | 대구한의대학교(삼성캠퍼스) | 식품조리 · 영양학전공 |
| | 안동대학교 | 식품영양학과 |
| | 영남대학교 | 식품영양학과 |
| | 영남대학교 | 식품학부 |
| | 위덕대학교 | 식품영양학전공 |

| 지역 | 대학명 | 학과명 |
|---|---|---|
| 경상남도 | 가야대학교(김해캠퍼스) | 외식조리영양학과 |
| | 가야대학교(김해캠퍼스) | 외식조리영양학부 |
| | 경남과학기술대학교 | 식품과학부 영양학전공 |
| | 경남대학교 | 식품개발학전공 |
| | 경남대학교 | 식품영양생명학부 |
| | 경남대학교 | 식품영양학과 |
| | 경남대학교 | 식품영양학전공 |
| | 경남대학교 | 식품영양생명학과 |
| | 경상국립대학교 | 식품영양학과 |
| | 창신대학교 | 식품영양학과 |
| | 창원대학교 | 식품영양학과 |
| | 한국국제대학교 | 식품영양학과 |
| | 한국국제대학교 | 영양식품학과 |
| 제주특별자치도 | 제주국제대학교 | 항공식품 · 물류학과 |
| | 제주대학교 | 식품영양학과 |

# 식품가공과

## 학과개요

식품가공과에서는 식품가공 산업에 관련되는 제조기술을 통하여 생산관리 품질관리 및 유통관리업무에 관한 다양한 분야를 다루고 있습니다. 식품가공과는 건강 기능 식품, 음료, 제과제빵 및 외식조리에 관한 실습 위주의 교육을 통하여 외식조리업체와 식품전문회사에서 중추적 업무를 수행하는 식품전문가를 양성하는 것에 교육목표를 두고 있습니다.

## 학과특성

사람들이 삶을 유지하고 즐거움을 느끼는 중요한 요소가 바로 먹을거리입니다. 식품가공학은 인류의 먹을거리를 다루는 학문으로, 식품산업의 중요성이 강조되면서 고품질의 식품을 가공하여 소비자들에게 신선하고 안전하게 공급하는 일에 대한 관심이 늘어나고 있습니다. 식품가공과에서는 각종 식품의 제조원리, 공정, 저장, 품질관리 등에 대해 탐구합니다.

## 개설대학

| 지역 | 대학명 | 학과명 |
|---|---|---|
| 서울특별시 | 동양미래대학교 | 식품공학과 |
| | 서일대학교 | 식품생명과학전공 |
| 부산광역시 | 동의과학대학교 | 양조발효과 |
| | 동의과학대학교 | 식품과학계열 |
| 경기도 | 동남보건대학교 | 식품제약과 |
| | 동남보건대학교 | 식품생명과학과 |
| | 신안산대학교 | 식품생명과학과 |
| 충청북도 | 충북도립대학교 | 바이오식품과학과 |
| 전라남도 | 전남도립대학교 | 식품생명과학과 |
| 경상북도 | 경북과학대학교 | 발효식품가공전공 |
| 경상남도 | 마산대학교 | 식품과학부 |
| | 창원문성대학교 | 식품과학부 |

출처 : 커리어넷 학과정보

# 식품공학 관련 학문

식품공학(食品工學), 푸드 엔지니어링(food engineering)은 식품생산, 저장에 대한 효율을 증대시키기 위해 만들어진 학문으로서 식품을 공학적으로 접근하는 것을 말한다. 원료, 에너지 사이에 일어나는 식품의 가공, 저장, 유통하는 과정 동안 일어나는 현상을 모든 생리학적, 물리적, 화학적 변화와 원리를 이해하며 응용한다. 또한 식품을 가공할 때 사용되는 기계적 장치의 조작과 원리를 다룬다. 식품의 위생 문제, 영양가 혹은 유통 시 일어나는 품질의 변화를 해결하는 데 중요한 역할을 한다.

## 1. 영양학(nutrition)

목숨을 지탱하는 데 반드시 있어야 할 물질들(음식의 형태)인 영양에 관하여 연구하는 학문으로, 식품이 생물에 어떻게 영향을 미치고 이용되는지를 연구한다. 이를테면 식품의 종류, 조성, 조리법, 또 병이 났을 때의 식사 따위를 생리학, 생화학, 병리학, 위생학의 입장에서 연구할 수 있다.

### 2. 미생물학(microbiology)

미생물에 관해 연구하는 생물학의 한 분야이다. 사람 등에게 질병을 일으키는 미생물을 연구하는 분야(병원 미생물학)에서 시작했으며, 세균, 고균, 진균류, 원생생물 및 바이러스 등에 관해 연구하고 있다. 이 분야에서는 기생충에 관해서도 연구하고 있다.

### 3. 분석화학(analytical chemistry)

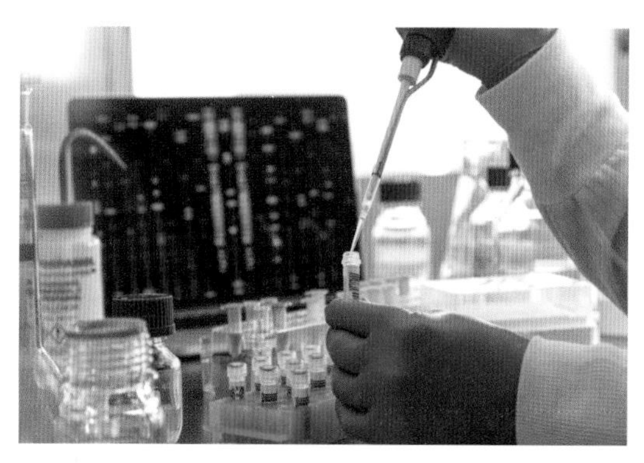

물질을 화학적으로 분석하여 물질의 조성, 화학적 구조, 형태 그리고 그 특성을 알아내는 학문이다. 무기화학과 유기화학이 각각 무기 화합물, 유기 화합물에 관한 학문이지만, 분석화학은 어떤 물질이나 반응에도 제한되지 않는다. 분석화학은 다른 학문을 위해 물질의 성질 등을 조사하고 분석하는 중요한 학문이며, 실제로 순수과학의 발전과 그 응용에 큰 공헌을 했다.

### 4. 식품화학(food chemistry)

모든 생물학적, 비생물학적 음식 성분에 대한 화학 과정과 상호 작용에 관한 연구이다. 생물학적 물질에는 고기, 새고기, 상추, 맥주, 젖 등을 예로 들 수 있다. 탄수화물, 지질, 단백질과 같은 주요 성분을 다루는 생화학과 비슷하지만, 물, 비타민, 무기질, 효소, 식품첨가물, 향료, 착색제와 같은 영역을 아우르기도 한다.

## 5. 식품위생학(food hygienics)

식품위생이란 식품, 식품첨가물, 기구 또는 용기·포장을 대상으로 하는 음식에 관한 위생을 일컫는다. 식품으로 인해 생기는 위생상의 위해를 방지하고, 식품영양의 질적 향상을 도모하며, 식품에 관한 올바른 정보를 제공함으로써 국민 보건의 증진에 이바지함을 목적으로 한다.

*세계보건기구(WHO)의 정의 : 식품위생이란 식품의 생육(사육, 재배)·생산·제조로부터 최종적으로 사람에게 섭취되기까지에 이르는 모든 단계에 있어서 식품의 안전성, 건전성 및 악화 방지(완전 무결성)를 확보하는 데 필요한 모든 수단을 말한다.

## 6. 식품가공학(foodtechnology)

식품에 물리적·화학적 변화를 주어 저장성과 영양가를 높이고, 기호성을 향상하여 생활에 필요한 새로운 제품을 생산할 수 있도록 연구하는 학문.

## 7. 생화학(biochemistry)

살아있는 생물체 내에서 그리고 생물체와 관련된 화학적 과정에 관해 연구하는 학문이다. 생물화학(生物化學, 영어: biological chemistry)이라고도 하지만, 보통 줄여서 생화학이라고 한다. 생화학적 과정들은 생명의 복잡성을 초래한다.

생물학과 화학의 하위 분야인 생화학은 분자유전학, 단백질 과학, 물질대사의 세 가지 분야로 나눌 수 있다. 20세기의 지난 수십 년 동안 생화학은 이들 세 가지 분야를 통해 생명의 과정을 설명하는 데 성공하였다. 생명과학의 거의 모든 분야가 생화학적 방법론과 연구로 밝혀지고 발전하고 있다. 생화학은 생체분자들이 어떻게 살아있는 세포 내에서 그리고 세포들 사이에서 일어나는 과정들을 발생시키는지를 이해하는 데 초점을 맞추고 있으며, 이는 차례로 조직, 기관, 개체의 구조와 기능에 관한 연구와 이해와 크게 관련되어 있다.

생화학은 DNA에 암호화되어 있는 유전 정보가 생명의 과정을 일으킬 수 있는 분자 메커니즘에 관한 연구인 분자생물학과 밀접한 관련이 있다.

출처: 위키백과/ 한국민족문화대백과사전

# 식품유형 분류

## ■ 식품유형의 정의

식품유형이란 제품의 원료, 용도, 섭취형태, 성상 등을 고려하여 안전과 품질 확보를 위한 공통 사항을 정하고, 제품에 대한 정보 제공을 용이하게 하기 위하여 유사한 특성의 식품끼리 묶은 것이다.

## ■ 식품유형 분류 기본원칙

- 식품유형은 가공식품에 대하여 적용하며, 자연산물과 가공식품의 구분은 '가공식품 해당여부 판단 메뉴얼'에 따른다.

* 다만, 유통식품 안전관리를 위해 필요한 경우 자연산물에도 유형을 부여하고 기준·규격을 설정하여 관리한다.

(예) '벌꿀류', '천일염', '기타식육', '기타알'

- 식품의 분류는 '식품군-식품종-식품유형'의 3단계 체계를 원칙으로 한다.

* 식품종 또는 식품유형을 두지 않을 수 있으며, 식품유형이 없는 경우, 식품종을 식품유형으로 본다.

| ○ 식품군(대분류): 원재료 및 산업적 분류를 고려한 가장 큰 분류<br>○ 식품종(중분류): 제조방법 및 소비용도를 고려한 분류로서 식품의 기능을 중심으로 분류<br>* "품목 간 대체성이 있는 상품"들을 중심으로 분류 형성<br>○ 식품유형(소분류) : 시장의 상황과 소비자들의 인식을 반영하여 구분한 분류 |
|---|

- 식품유형은 가능한 유사한 특성의 식품을 포괄적으로 규정하며, 세부 품목까지 고려하여 구분하지 않는다.

(예) 액상커피, 분말커피, 볶은 커피, 조제커피, 인스턴트커피 → 커피

- 식품유형 분류 시, 소매판매용과 산업중간재(원료용)를 구분하지 않는다.

(예) 소비자용 식빵과 샌드위치 제조 원료용 식빵의 유형을 별도로 구분하지 않음

- 자연산물, 타 법령에 의한 유형 및 특수용도식품에 해당하는 유형은 타 유형보다 먼저 분류한다.

- 용도별로 구분하는 경우, 단일성분 여부, 특정성분 함유여부, 특정원료 사용 여부, 특정 제조방법 사용여부를 순차적으로 고려하여 식품 유형을 정한다.

- 두 가지 유형의 특성이 공존하는 경우(두 개 이상의 유형에 모두 적합한 경우) '식품유형 분류 흐름도'에서 유형분류 순서가 앞선 것을 적용한다.

(예) 배추김치는 김치류, 절임류, 과채가공품의 정의에 모두 적합할 수 있지만, 분류순서(김치류 > 절임류 > 과채가공품)에 따라 김치류로 분류

(예) 두유에 탄산을 주입한 경우는 '탄산음료 > 두유'에 따라 탄산음료로 분류

- 동일한 제품이라도 사용목적(또는 섭취형태)을 고려하여 식품유형을 달리 할 수 있다.

(예) 홍초의 초산함량이 4% 이상인 경우, 희석하여 음용이 목적이면 '음료류'群에서, 식품조리시 풍미증진을 목적으로 사용되면 '조미용식품'群에서 유형 적용

- 개별 포장된 여러 가지 유형의 식품이 하나의 용기에 합포장된 경우는 각각의 식품에 대해 개별적으로 식품유형을 적용한다.

* 개별 포장된 국수와 스프가 함께 포장된 제품 : 건면(국수), 복합조미식품(스프)

- 위 원칙에도 불구하고, 제품의 고유 특성에 대한 사회적 인식 또는 식품안전관리 필요성 등을 고려하여 분류원칙에 따르지 아니하고 유형을 정할 수 있다.

## ■ 식품유형 분류 순서

| 구분 | 분류기준 | 대상식품 |
|---|---|---|
| 우선분류 유형 | ① 가공식품이 아닌 것 | 자연산물(벌꿀, 천일염 등) |
| | ② 타 법령에서 별도 규정하는 식품 | 축산물가공품, 주류 |
| | ③ 특정 섭취대상을 위해 제조한 식품 | 특수용도식품 |
| 일반유형 | ④ 단순 가공제품 중 자연산물의 특성이 크게 변하지 않은 것으로서 별도의 유형이 있는 것 | 고춧가루, 찐쌀 등 |
| | ⑤ 단일 원료로부터 채취한 성분을 식용에 적합하게 처리한 것이거나 이로부터 특정 성분을 분리 정제한 것으로, 식품제조의 기본 원료가 되는 제품 | 식용유지류, 전분류, 당류 등 |
| | ⑥ 제품의 원료, 제조방법, 제품형태 등을 종합적으로 고려해서 유형을 분류 (두 가지 이상 유형의 특성이 공존하는 경우 유형적용 순서가 앞선 것을 적용) | 대부분의 식품유형 |
| 기타유형 | ⑦ 타 유형에 속하지 않는 식품 중 특정 원료를 사용하여 제조한 것 | 곤충가공식품, 자라가공식품 등 |
| | ⑧ 타 유형에 속하지 않는 식품 중 특정 제조 방법을 사용하여 제조한 것 | 추출가공식품, 발효식품 등 |
| | ⑨ 타 유형에 속하지 않는 식품을 사용된 원료의 구분에 따라 분류 | 과채가공품, 곡류가공품, 두류가공품 등 |
| | 마지막 단계: ①~⑨에도 불구하고 유형분류가 되지 않는 것 | 기타가공품 |

출처: 식품의약품안전처 식품기준기획관 식품기준과

# 가공식품이란?

가공식품이란 손쉽게 먹거나 오래 저장하기 위하여 농산물·축산물·수산물 등의 천연재료와 첨가물을 이용해 만든 식품이다.

천연식품 재료의 먹을 수 없는 부분이나 해로운 성분을 미리 제거하거나, 또는 저장하는 동안 재료에 들어 있는 효소나 성분들에 의해서 품질이 저하되지 않도록 가공된 것을 말한다. 벼를 도정한 쌀, 살균한 우유, 냉장 숙성시킨 고기, 냉동한 생선 등의 그 원형을 변경시키지 않고 별다른 재료를 첨가하지 않은 것들은 일반적으로 가공식품이라 하지 않는다. 좁은 의미에서 가공식품은 천연상태의 모양을 바꾸고 다른 재료들을 첨가하여 취식성·소화성·영양가·기호성·저장성·취급의 간편성 등을 증진한 식품을 말한다.

옛날에는 곡류를 도정하고 제분한다든지 육·어류를 햇볕에 말리거나 소금에 절이는 등 소박한 방법으로 저장성을 부여하는 것이 주였다. 자연 발효로 만들어진 김치류·젓갈·장류 등도 독특한 풍미를 내면서 저장성이 큰 가공식품이었다. 그러나 냉동기술·살균기술·포장 기술이 발달한 오늘날에 와서는 저장성을 증진하는 것은 문제가 안 되며 영양개선, 기호성과 간편성 등을 증진하는 데 노력하고 있다. 식품을 가공하는 원리는 옛날이나 지금이나 크게 변하지 않았지만 사용하는 기계들이 발전하고 있다. 식품을 건조할 때 천일건조(햇빛에 말리는 것)에 의하던 것을 열풍으로 건조하였고 이어서 분무건조·냉동건조 등의 여러 가지 건조 방법이 개발되었다. 살균도 가열살균·초고온순간살균·냉살균 등으로 발전하고 있다. 모두 천연의 고유한 특성을 가급적 살리는 방향으로 가공기술이 발전하고 있다. 이러한 특성이 손상을 입을 가능성이 있거나 향미와 빛깔 그리고 물성·영양 등을 개선하기 위하여 식품첨가물을 사용한다.

우리나라의 식품공업은 1900년을 전후하여 정미업과 양조업으로부터 시작하여 1920년대에 통조림·제분 및 제당이 그 바탕을 이루었다. 6·25남침은 모든 산업을 위축시켰다. 그러나 한편으로는 선진국의 가공식품이 도입되어 소개되었고 경제재건이 이루어지면서 1960년대에 들어와서 식품공업이 눈부시게 발전하기 시작하였다. 1970년대 중반 이후부터 경제성장과 빈번한 국제교류로 식품공업은 선진국 수준에 도달해 가고 있다. 각종 식품 가공원료의 국내 생산량이 모자라 원료를 확보하는 일이 심각한 문제가 되고 있다. 최근에는 식량부족에 대비하여 우리가 먹을 수 없는 섬유질 원료나 석유, 그 밖의 폐기물에 미생물을 배양하여 그 균체로부터 단백질을 추출하거나, 먹지 못하는 생선 중의 영양성분을 추출하여 이용하려는 연구를 계속하여 일부는 실용화하고 있다. 콩 단백질 등의 식물성 단백질을 가공하여 육제품과 비슷하게 조직화함으로써 생산성이 뒤지는 육류의 일부를 대체하는 연구가 성공하여 실용화되고 있다.

식품을 가공하는 동안 불필요하다고 제거하던 성분들이 하나하나 필요한 것으로 밝혀지고 있어 천연재료에 들어 있는 성분들을 최대한으로 포함하는 방향으로 가공하고 있다. 가공식품은 넓은 지역에 걸쳐서 오랫동안 소비된다. 그러므로 유통저장 중에 손상을 입지 않도록 철저한 포장이 요구된다. 가공식품은 대량생산되기 때문에 다양한 천연식품에 비하여 단조롭다. 그래서 여러 가지 제품을 적절히 선정하여 함께 사용하여야 한다. 따라서 식품에 대한 지식이 필요하다. 분주한 현대생활에 간편한 식사, 자원의 효용, 위생적인 처리 등의 장점이 있어서 가공식품은 날로 증가하고 있다. 특히 요즈음에는 반가공식품·완제품 등 다양하게 가공되어 소비자가 원하는 대로 선정할 수 있다.

## 농산가공식품

농산가공식품이란 농·임산물에 식품첨가물 또는 다른 식품을 가하였거나, 원형을 알아볼 수 없을 정도로 또는 현격한 성분변화를 유발할 수 있을 정도로 가공하였거나, 섭취 시 세척, 가열조리 등의 과정 없이 바로 또는 양념만을 혼합하여 소비자가 그대로 섭취할 수 있는 제품을 말한다.

• **전분류**

전분질 원료를 사용하여 마쇄(磨碎), 사별(篩別), 분리 등의 과정을 거쳐 얻은 것이거나 아예 식품 또는 식품첨가물을 가하여 가공한 것

• **밀가루류**

밀을 선별, 가수(加水), 분쇄, 분리 등의 과정을 거쳐 얻은 분말 또는 이에 영양강화의 목적으로 식품 또는 식품첨가물을 가한 것

• **땅콩 또는 견과류가공품류**

땅콩 또는 견과류를 단순가공하거나 이에 식품 또는 식품첨가물을 가하여 가공한 땅콩버터, 땅콩 또는 견과류가공품

• **시리얼류**

옥수수, 밀, 쌀 등의 곡류를 주원료로 하여 비타민류 및 무기질류 등 영양성분을 강화, 가공한 것으로 필요에 따라 채소, 과일, 견과류 등을 넣어 제조·가공한 것

• **찐쌀**

벼를 익힌 후 건조하여 도정한 것이거나, 쌀을 익혀서 건조한 것

• **효소식품**

식물성 원료에 식용미생물을 배양시켜 효소를 다량 함유하게 하거나 식품에서 효소함유부분을 추출한 것 또는 이를 주원료로 하여 가공한 것

• **그 밖의 농산가공품류**

과일, 채소, 곡류, 두류, 서류, 버섯 등 농산물을 가공한 것

## 수산가공식품

수산가공식품이란 수산물에 식품첨가물 또는 다른 식품을 가하였거나, 원형을 알아볼 수 없을 정도로 또는 현격한 성분변화를 유발할 수 있을 정도로 가공을 하였거나, 여러 가공 공정을 거쳐 위해발생 우려가 있거나 섭취 시 세척, 가열조리 등의 과정 없이 바로 또는 양념만을 혼합하여 섭취할 수 있는 제품을 말한다.

• **어육가공품류**

어육을 주원료로 하여 식품 또는 식품첨가물을 가하여 제조·가공한 것으로 어육살, 연육, 어육반제

품, 어묵, 어육소시지 등

**• 젓갈류**

어류, 갑각류, 연체류, 극피류 등에 식염을 가하여 발효 숙성한 것 또는 이를 분리한 여액에 식품 또는 식품첨가물을 가하여 가공한 젓갈, 양념젓갈, 액젓, 조미액젓

**• 건포류**

어류, 연체류 등의 수산물을 건조한 것이거나 이를 조미 등으로 가공한 조미건어포, 건어포 등

**• 조미김**

마른김(얼구운김 포함)을 굽거나, 식용유지, 조미료, 식염 등으로 조미·가공한 것

**• 한천**

우무를 동결탈수하거나 압착 탈수하여 건조시킨 식품

**• 그 밖의 수산물가공품**

수산물을 주원료로 하여 가공한 것

## 축산물가공품

축산물가공품은 식육가공품·유가공품 및 알가공품을 말한다.

**• 식육가공품**

햄류, 소시지류, 베이컨류, 건조저장육류, 양념육류, 분쇄가공육제품, 갈비가공품, 식육추출가공품, 식용우지, 식용돈지

**• 유가공품**

우유류, 저지방우유류, 분유류, 조제유류, 발효유류, 버터류, 치즈류, 무지방우유류, 유당분해우유, 가공유류, 산양유, 버터유류, 농축유류, 유크림류, 유청류, 유당, 유단백 가수분해 식품, 아이스크림류, 아이스크림분말류, 아이스크림믹스류

**• 알가공품**

난황액, 난백액, 전란분, 전란액, 난황분, 난백분, 알가열성형제품, 염지란, 피단

출처: 한국민족문화대백과사전/ 식품의약품안전처

# GMO(genetically modified organism)란 무엇인가?

유전자(遺傳子, gene)는 모든 생물이 자신의 고유한 형태, 성질, 색 등과 같은 특성에 대한 정보를 담아서 그 특성을 다음 세대에 전달하는 물질이다. 세포 속에 들어 있는 유전자는 생명 현상의 가장 중요한 성분인 단백질을 만드는 데 필요한 유전정보 단위이다.

유전자는 디옥시리보핵산(deoxy-ribonucleic acid, DNA)라 부르는 화합물로 구성되어 있고, 이 DNA의 염기 배열 순서에 따라 궁극적으로 어떤 단백질이 만들어지는지가 결정되어 생물의 모양이나 특성 등이 달라지는 것이다. 인간의 경우 세포 속에 약 3만 개의 유전자가 존재하며, 쌀의 경우는 약 6만 개의 유전자가 존재한다.

유전자재조합(변형)은 한 종(種)으로부터 유전자를 얻은 후에 이것을 다른 종에 넣어 새로운 유전자를 가진 종을 만드는 기술이다. 유전자재조합은 1953년 DNA 구조가 밝혀지고 1970년부터 DNA를 자를 수 있는 기술이 가능해지면서 더욱 발전하고 있다. 이에 유전자재조합기술을 통해 특정 유전자만을 이용하여 품종 개량이 더욱 정확하고 수월하게 이루어지고 있다. 일반적으로 유전자재조합기술에 의해 형질이 전환된 생물체를 유전자재조합생물체(genetically modified organism, GMO)라고 말한다.

우리나라에서는 유전자재조합기술을 이용하여 만든 농작물에 대해 '유전자재조합생물체 · 농작물'로 표현하고 있다.

유전자재조합작물(GM 작물)이란 유전자재조합기술을 이용하여 개발된 작물이며, 2007년 1월 현재 총 181품목(옥수수 44, 유채 22, 면화 22, 감자 20, 대두 12, 카네이션 11, 쌀 9, 토마토 8, 밀 7, 담배 5, 사탕무 3, 호박 2, 멜론 2, 해바라기 1개의 품목 등)이 개발되었다. 유전자재조합농산물(GM 농산물)이란 유전자재조합기술을 응용하여 형질 전환된 농작물로부터 얻어진 농산물이며 제초제 저항성, 병 · 해충 저항성, 저장성 향상, 특정 영양성분 함유 등의 특성이 있는 농산물이다.

우리나라 농촌진흥청은 1991년부터 농업생명공학 연구를 착수하여 2009년 현재 18작물 88종의 GMO와 2가축 9종의 형질전환 동물을 단계별로 개발 중이다.

'Non-GM 식품'이란 Non-GMO를 원료로 한 식품을 의미한다. 유럽연합(EU)과 일본의 경우 법적으로 GMO의 비의도적 혼입을 각각 0.9% 이하와 5% 이하로 구분하여 유통 · 관리하면 Non-GM 표기가 가능하다.

우리나라는 3% 이하로 구분하여 유통·관리할 경우 GMO 표기는 하지 않아도 되지만 Non-GMO 표기는 할 수 없다. 우리나라에서 Non-GMO라고 함은 GMO의 혼입이 0%인 경우에만 한한다. 그러나 다른 제품에 대한 불필요한 오해를 일으킬 수 있어 Non-GM 식품이라는 표시를 권장하지 않는다.

하지만 아직 GMO에 관한 찬반(贊反) 논쟁이 맞서고 있다. 찬성론자들은 과실 및 채소의 숙성 지연으로 신선도가 유지되고, 비타민 A가 강화된 쌀처럼 일부 식품의 영양적 가치가 높아지며, 병충해와 환경에 강한 식물을 개발함으로써 대량 생산이 가능해지는 등 장점이 많다고 주장한다. 또한 과학자들은 GMO의 위해성이 과학적인 검증으로 입증된 경우가 없다고 주장한다.

한편 반대론자들은 GMO가 알레르기를 유발하고 검증되지 않은 위해성과 환경 파괴 및 돌연변이의 위험을 안고 있다고 주장한다. 신체나 환경에 미치는 영향을 장기적으로 입증하는 것이 우선이라고 주장하며 위해성에 대해 의문을 제기하고 있다. 또한 같은 종의 식물끼리 교잡해 새 품종을 만드는 기존 방법과 달리 동물 유전자를 식물에 집어넣는 등 종간 구분이 없어 생태계를 교란한다는 비판도 있다.

새롭게 만들어진 어떤 형질이 다른 생물체에 들어가면 때로는 생물체 고유의 유전자 기능이 사라지거나 유전자 배열이 불안정해져 새로운 독이 나타날 수도 있다. 유전자가 조작된 식품을 먹은 사람들이 어떻게 될지 그 결과는 아직 예측하기 어렵다.

오스트리아, 헝가리 등 일부 EU 회원국들은 유럽식품안전청이 안전하다고 인정한 GM 옥수수에 대해서도 판매를 금지하고 있다. 현재까지는 EU 소비자들은 GMO에 대해 민감한 태도를 보여주고 있다.

유전자재조합식품으로부터 우리의 건강을 지키기 위해서 일반인들이 생활 속에서 실천할 사항은 다음과 같다.

첫째, 우리 농산물을 우선 이용한다. 둘째, 수입한 식품이나 과자는 가급적 구입하지 않는다. 셋째, 가공식품 섭취 횟수를 줄인다. 넷째, 생활협동조합이나 유기농산물 판매장을 이용한다. 다섯째, 학교급식이나 단체급식에 유전자재조합식품을 사용하는지 늘 살핀다. 여섯째, 알고 있는 유전자재조합농산물과 식품을 이웃에게 알린다.

우리나라 일부 환경단체, 농민단체 등에서는 GM 작물이 생태계를 파괴하고 안정성이 확인되지 않은 식품이라는 이유를 들어 반대하고 있다. 아울러 우려되는 것은 우리나라는 곡물 자급률이 30% 미만으로 주로 수입에 의존하고 있어서 안심할 만한 상황은 아니라는 점이다. 우리나라에서 '유전자재조합식품'에 대해서 표시제를 도입한 배경은 GM 작물이나 식품은 기존의 작물, 식품과는 다르므로 소비자의 알 권리 및 선택할 권리라는 측면에서 정보를 제공하자는 데에 있다. 표시 대상은 GM 작물, GM 식품이며, GMO 혼입률이 3% 이상인 경우이다.

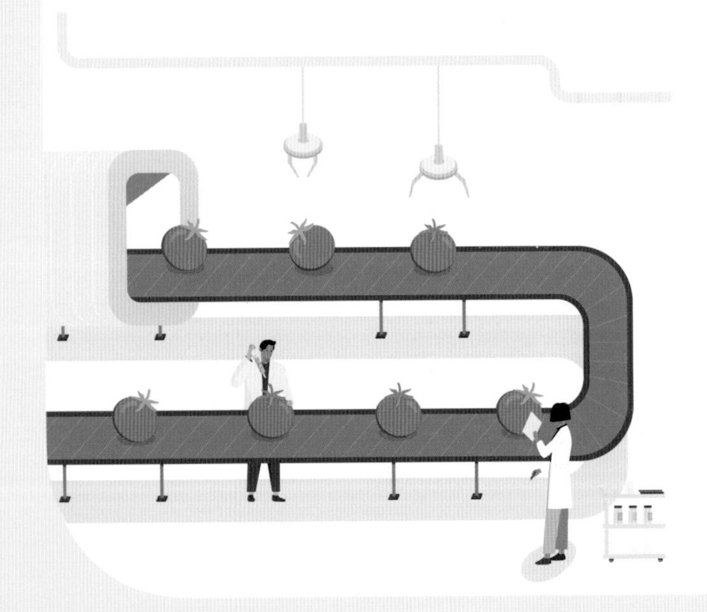

출처: 파워푸드 슈퍼푸드

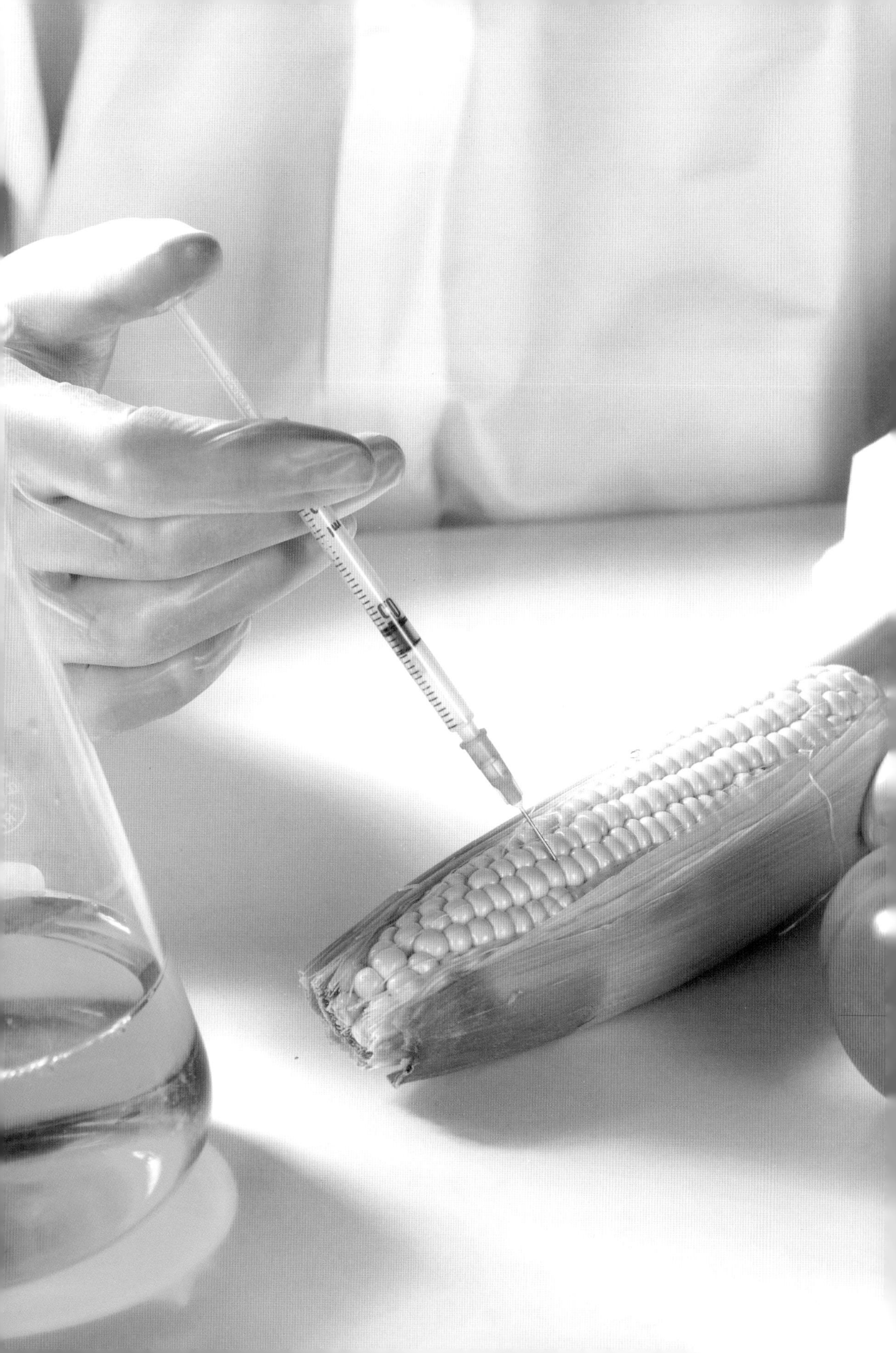

# 건강기능식품이란?

건강기능식품이란 인체에 유용한 기능성을 가진 원료나 성분을 사용하여 제조가공한 식품을 말한다. (「건강기능식품에 관한 법률」 제3조 제1호).

여기서 "기능성"이란 인체의 구조 및 기능에 대하여 영양소를 조절하거나 생리학적 작용 등과 같은 보건 용도에 유용한 효과를 얻는 것을 말한다. (「건강기능식품에 관한 법률」 제3조 제2호).

건강기능식품은 건강을 유지하는 데 도움을 주는 식품입니다. 식품의약품안전처는 동물시험, 인체적용시험 등 과학적 근거를 평가하여 기능성 원료를 인정하고 있으며, 건강기능식품은 이런 기능성 원료로 만든 제품을 말한다.

## ■ 일반식품, 건강식품과의 비교

건강기능식품은 「건강기능식품에 관한 법률」에 따라 일정 절차를 거쳐 만들어지는 제품으로서 『건강기능식품』이라는 문구 또는 인증마크가 있다. 이러한 점에서 '건강식품', '자연식품', '천연식품'과 같은 명칭은 '건강기능식품'과는 다르다. 모든 건강기능식품에는 기능성 원료의 『기능성』이 표시되어 있다.

- 일반식품의 영양표시: 기능성 표시가 없음
- 건강기능식품의 영양기능정보표시: 기능성 표시가 있음.

## ■ 의약품과의 비교

건강기능식품의 기능성은 의약품과 같이 질병의 직접적인 치료나 예방을 하는 것이 아니라 인체의 정상적인 기능을 유지하거나 생리기능 활성화를 통하여 건강을 유지하고 개선하는 것을 말한다. 건강기능식품의 안전성 확보 및 품질 향상과 건전한 유통·판매를 도모함으로써 국민의 건강 증진과 소비자 보호에 이바지하기 위해 「건강기능식품에 관한 법률」이 제정·시행되고 있다.(「건강기능식품에 관한 법률」 제1조).

## ■ 일반식품과 건강기능식품의 차이점

Q, 홍삼정과, 홍삼캔디, 홍삼과자와 같은 제품은 홍삼 등을 원료로 제조·가공한 식품입니다, '건강기능식품'도 홍삼을 원료로 한 제품이 많이 있습니다. 그렇다면, '기타 가공품·액상차·캔디'와 같은 일반식품과 '건강기능식품'에 같은 '홍삼' 원료를 사용했는데 무엇이 다른가요?

A, '기타가공품·액상차·캔디'는 일반식품으로 분류되고 있습니다. '건강기능식품'에는 기능을 나타내는 성분이 그간의 여러 가지 연구와 검사를 거쳐 인체에서 유용한 가능성을 나타낼 수 있는 정도(양)로 들어 있습니다. 하지만 일반식품에는 기능을 나타내는 성분이 낮게 들어있거나 유효성에 대한 기능성 평가를 마치지 않은 제품으로서 식약처에서 인정한 기능성을 표시하지 못합니다. 만약, 소비자가 면역력을 증진하거나 피로회복 개선 등에 도움을 주는 식품을 찾으신나면, '건강기능식품'이라고 표시하고 있는 제품을 신택할 수 있습니다.

## ■ 건강기능식품 관련 영업의 종류

건강기능식품업은 크게 건강기능식품제조업과 건강기능식품판매업으로 나뉘며, 세부종류와 그 범위는 다음과 같다.(규제「건강기능식품에 관한 법률」 제4조 제2항 및 규제「건강기능식품에 관한 법률 시행령」 제2조)

| 구분 | 세부 종류 |
|---|---|
| 건강기능식품제조업 | 건강기능식품전문제조업: 건강기능식품을 전문적으로 제조하는 영업 |
| | 건강기능식품벤처제조업: 「벤처기업육성에 관한 특별조치법」 제2조에 따른 벤처기업이 건강기능식품을 건강기능식품전문제조업자에게 위탁하여 제조하는 영업 |
| 건강기능식품판매업 | 건강기능식품일반판매업: 건강기능식품을 판매하는 영업(다만, 건강기능식품유통전문판매업에 해당하는 것은 제외) |
| | 건강기능식품유통전문판매업: 건강기능식품전문제조업자에게 의뢰하여 제조한 건강기능식품을 자신의 상표로 유통·판매하는 영업 |

## ■ 영업자 준수사항

- 건강기능식품제조업 또는 건강기능식품판매업을 하려는 자는 건강기능식품 업종별로 기준에 맞는 시설을 갖추어야 한다.(규제「건강기능식품에 관한 법률」 제4조 제1항).

- 건강기능식품 영업자는 건강기능식품의 안전성 확보 및 품질관리와 유통질서 유지 및 국민보건의 증진을 위해 안전성 관리 등 「건강기능식품에 관한 법률」에 따른 사항을 준수해야 한다.(「건강기능식품에 관한 법률」 제10조 제1항, 규제「건강기능식품에 관한 법률 시행규칙」 제12조 및 별표4)

# 미래 식품을 이끄는 기업

지난 몇 년 사이 현재의 식량 생산 방식을 바꾸는 '푸드테크'는 미국 실리콘밸리를 중심으로 급속도로 성장했다. 기후변화와 환경 오염, 식량 부족으로 인한 전 세계의 위기의식은 기존의 식품 소비를 뒤바꾸는 기술을 개발하는 스타트업의 성장 동력이 됐다. 축산업과 낙농업을 통해 생산된 동물성 식품을 대체할 수 있는 식물 기반의 식품들을 개발하는 것은 지금 이 순간도 전 세계 식품 스타트업의 핵심 과제로 자리 잡고 있다.

## 더플랜잇

'식물성 마요네즈'를 생산하는 국내 식품 스타트업인 양재식 더플랜잇 대표는 "동물성 단백질을 대체하는 식품은 거부할 수 없는 메가 트렌드가 되고 있다"라며 "이 거부할 수 없는 트렌드의 최선봉에 있는 사람은 연구자일 것"이라고 말했다.

식물성 단백질로 만든 대체육은 기본이다. 가짜 고기를 필두로 한 많은 대체 식품들이 하루가 멀다 고 베일을 벗고 있다. 이제 식품은 '음식'이 아니라 '과학'이다. '과학' 기술을 기반으로 태어난 식품들이 미래의 식탁을 바꿔가고 있다.

## 클라라 푸드(Clara Foods)

미국 푸드테크 클라라 푸드(Clara Foods)는 발효 기술을 통해 식물성 달걀을 만들었다. 클라라 푸드는 달걀 속의 DNA를 모방해 유전자에 이스트를 넣은 뒤 발효 기술을 통해 달걀흰자를 만들었다. 연구실에서 태어난 이 달걀흰자 역시 콜레스테롤이 전혀 없고, 살충제, 항생제, 방부제의 위협도 없다. 달걀흰자 한 개에는 8g의 단백질이 들어 있다. 클라라 푸드의 달걀흰자는 베이킹 과정은 물론 기존의 달걀흰자가 사용된 모든 식품을 대체할 수 있는 '만능 치트키'다.

## 오픈밀즈(Open Meals)

일본의 IT 기업 오픈밀즈(Open Meals)는 3d 프린터로 출력하는 초밥을 만들어 믿기지 않는 과학의 힘을 재현했다. 3D 초밥은 '푸드 베이스'라고 불리는 디지털 플랫폼에 초밥의 모양과 색깔, 맛, 영양, 질감 등의 정보를 입력한다. 그런 다음 프린터가 젤 형태의 큐브를 하나씩 쌓아 올리는 방식으로 초밥을 만든다. 3D 프린터로 만들어 섭취 가능 여부가 의심된다면 오산이다. 3D 초밥은 맛 센서를 통해 쓴맛, 단맛, 신맛은 물론 '제5의 맛'이자, '미지의 맛'으로 불리는 감칠맛까지 분석해 실제 초밥과 같은 맛을 내게 했다. 이 기술을 통해 사람들은 "아이튠즈에서 음악을 내려받듯이"(오픈밀즈) 초밥의 데이터를 3D 프린터에 전송하면 언제든지 생선 초밥을 먹을 수 있다.

## 굿캐치푸드(Good Catch Foods)

굿캐치푸드(Good Catch Foods)에선 '참치 없는 참치'를 만들어 해양 생태계의 지속 가능한 미래를 그리고 있다. 완두콩과 병아리콩, 렌틸콩 등 총 여섯 종류의 콩 추출물을 주요 재료로 해바라기씨 오일, 해초류 추출물 등을 첨가해 만든 '가짜' 참치는 진짜 참치와 비슷한 맛과 질감이 재현됐다. 미국의 오션허거푸드(Ocean Hugger Food)가 역시 토마토로 참치회를 만들어 일찌감치 주목받았다.

## 임파서블 푸드

미국 대체육 생산 기업 임파서블 푸드는 콩의 식물 뿌리에서 추출한 식물성 헴(Heme) 성분으로 멸치 맛 수프를 만들며 '식물성 해산물' 시장에도 뛰어들고 있다.

## 저스트(Just)

미국 푸드테크 스타트업 저스트(Just)는 현재 국내에서도 주목받는 식품 기업이 됐다. 녹두를 주원료로 대체 달걀을 만든 저스트는 국내 최대 산란 기업인 가농바이오와 계약, 곧 국내에서도 '식물성 달걀'을 유통할 예정이다. 저스트가 개발한 식물성 달걀은 각각의 식물 단백질의 질감과 맛, 산성도 분석을 통해 달걀과 가장 비슷한 맛을 내는 녹두와 강황 등 10여 가지 재료를 혼합해 만들었다. 저스트에 따르면 대체 달걀엔 콜레스테롤이 없고 포화 지방은 일반 달걀보다 66%나 적다. 반면 단백질 함량은 22% 높다. 식물성 원료로 만든 달걀이기 때문에 양계장에서 발생하는 조류인플루엔자나 살모넬라균 위험이 적다. 당연히 살충제, 항생제의 공포도 없다. 게다가 기존의 생산 방식을 바꾼 기술로 인해 양계를 통해 달걀을 생산할 때보다 물 절약 효과가 뛰어나다. 저스트 에그 44mL를 만드는 데에는 2.2L의 물이 필요하지만, 일반 양계를 통해 달걀을 얻으려면 139L가 필요하다. 두부(37L), 닭고기(184L), 돼지고기(255L), 쇠고기(656L) 등 다른 단백질 공급원의 생산 방식과 비교해도 효율이 높다.

# 식품공학 관련 도서 및 영화

## 관련 도서

### 아이의 식생활 (저자 EBS 아이의 밥상 제작팀/ 지식채널)

아이들과의 밥상 전쟁을 위한 과학적 해법!

수많은 부모들은 오늘도 아이들과 밥상머리 전쟁을 벌인다. 한쪽에서는 밥을 먹지 않아 문제이고, 다른 한쪽에서는 밥을 너무 많이 먹어 문제이다.『아이의 식생활』은 이런 아이의 편식과 과식을 과학적이고 심리학적인 측면에서 조명해 호평을 받은 EBS 다큐프라임 〈아이의 밥상〉의 콘텐츠와 수십 개의 연구결과를 분석해서 담은 책이다. 아이들의 밥상을 차리기 위해 부모가 꼭 알아야 할 정보들을 4개의 챕터로 구성했다. 또한 방송에서 미처 다루지 못했던 부분을 소아청소년과 교수, 아동심리학자, 임상영양사, 한의사 등 다양한 전문가들이 참여하여 근본적인 해결책을 함께 제시하고 있다.

### 쉬운 식품공학 (저자 고정삼 외/ 유한문화사)

1980년대 초반부터 식품공학에 관한 국내 전문서적 출간이 이루어지기 시작하여 현재 많은 종류의 도서가 출간되었다. 그러나 대부분의 식품공학과나 식품 관련 학과가 농업생명과학대학이나 생활과학대학 등에 속해 있다. 이에 따라 학생들이 생화학 등의 응용화학 분야에 관심을 두고 있는데 비하여, 수학이나 공학 등에 대하여 다소 기피증을 앓고 있다. 이 책은 그런 학생들이 더욱 알기 쉽고, 효과적으로 식품공학에 접근할 수 있도록 돕는 교재이다.

사회발전과 생활 수준의 향상에 힘입어 식품산업은 꾸준한 발전을 거듭하여 왔으며, 제조업 분야에서 매우 중요한 위치를 차지하고 있다. 이러한 여건을 고려하여 저자가 강의해 왔던 식품공학에 관련된 내용을 식품가공 공정의 순서에 따라 알기 쉽게 체계적으로 정리하였다.

## 식탁 위의 생명공학 (저자 농업생명공학기술바로알기협의회/ 푸른길)

과학기술 자체는 선하지도 악하지도 않다.

자연계에서는 파란색 장미를 찾을 수 없다. 이것은 색소를 주관하는 유전자와 관련이 있는데 오랜 연구 끝에 이 색소 유전자를 조절하여 파란 장미를 현실로 이끌어 낸 것이다. 간단하게 원리를 설명하자면, 장미의 붉은색과 주황색 색소를 억제한다. 동시에 청색 색소를 형성하는 효소 유전자를 아이리스 등에서 분리 이식하는 것이다.

이처럼 생명공학은 불가능하다고 여겼던 것을 가능한 것으로 만들어 가고 있다. 우리가 먹는 음식물도 마찬가지이다. 비타민 A를 더 많이 함유하고 있는 쌀, 잘 무르지 않는 토마토, 카페인이 없는 커피, 병충해에 강한 옥수수 등 이미 우리가 깨닫지 못하는 사이에 많은 생명공학 작물이 우리의 식탁 위를 차지하고 있다. 그리고 이러한 생명공학 식품의 비중과 수요는 앞으로도 점점 더 늘어 갈 것이다. 따라서 우리는 우리가 먹는 것이 무엇인지 정확히 알고 먹을 필요가 있다. 생명공학 작물이란 무엇이며, 어떻게 취급하여야 하는지, 우리가 알고 있는 생명공학 작물에 대한 지식은 과연 모두 사실인지 만나본다.

## 맛의 원리 (저자 최낙언/ 예문당)

누구도 시도하지 않았던 포괄적인 맛의 이론서

사람들은 보통 맛은 인문학이나 감성의 영역이지 과학의 영역이 아니라고 생각한다. 그래서 맛을 과학적으로 이야기하는 경우는 거의 없고 제대로 된 맛의 이론도 없다. 식품 과학과 요리의 과학을 말하지만, 그것은 성분이나 가공법에 관한 내용이지 왜 그렇게 해야 맛이 있는지, 그것을 왜 맛있다고 하는지에 관한 내용은 아니다.

그래서 저자는 현장에서 25년이 넘게 근무한 경력을 바탕으로 미각과 향(후각)에 대한 오해를 풀고, 지금까지 아무도 시도하지 않았던 좀 더 포괄적인 맛에 대한 이론을 설명하기 위해 '맛의 즐거움(FOOD PLEASURE)'을 식품학, 생리학, 뇌 과학, 음식의 역사, 진화심리학의 관점에서 풀어낸다. 맛을 아는 것은 단순히 즐거움의 수단이 아니라 우리 자신을 이해하는 좋은 방법이다. 맛을 알기 위해서는 우리 몸의 감각기관뿐 아니라 뇌의 욕망이 어떻게 작동하는지를 알아야 하기 때문이다.

## 희망의 밥상 (저자 제인 구달, 게일 허드슨, 게리 매커보이/ 사이언스북스)

1960년대 이후로 아프리카 열대 우림 오지에서 침팬지들을 연구하며 침팬지뿐만 아니라 많은 다른 지구 위 생명체의 소중함을 설파해 온 '침팬지 엄마' 제인 구달 박사가 먹을거리에 관한 책을 냈다. 우리가 매일매일 먹고 있는 것들이 어떻게 생산되고 있으며 어떤 경로로 우리 밥상에까지 올라왔는지, 우리의 건강과 나아가 지구의 건강에는 어떠한 영향을 미치고 있는지를 상세하게 밝히고 있다.

제인 구달 박사는 비만이나 당뇨, 심장 질환 같은 만성적인 질환에서부터 에이즈, 사스, 조류 독감 같은 전염성 질병까지, 인류의 건강을 위협하는 수많은 질병이 바로 우리가 잘못된 먹을거리를 택했기 때문에 발생한 것이라고 주장한다. 단지 나 하나 잘 먹고 잘살기 위해서가 아니라 내 아이가 잘살기 위해, 그리고 그 후대의 아이들이 잘살기 위해서는 지금까지의 식습관을 되돌아보고 우리 밥상에 진정한 변화를 불러일으켜야 한다는 것이다. 그리고 우리 밥상에 일대 혁명을 불러올 중요한 생활 지침을 제안한다.

## 무엇을 먹을 것인가 (저자 콜린 캠벨, 토마스 캠벨/ 열린과학)

암 발생의 스위치, 단백질의 진실을 파헤치다!

단백질과 암에 관한 역사상 가장 획기적인 연구『무엇을 먹을 것인가』. 미국 코넬대학교 명예교수이자 50년 가까이 영양과 건강에 관한 대규모 연구 프로젝트를 진행해온 저자 콜린 캠벨이 식품의 영양소와 질병 간의 관계를 밝히고 식생활과 건강에 대한 전망과 현실을 이야기한 책이다. 저자는 암 발생률과 지역의 상관관계에 관한 8,000가지 이상의 통계적 결과를 토대로 단백질이 암과 같은 성인병의 발생에 결정적인 영향을 끼치며, 특히 단백질을 섭취 칼로리의 10퍼센트 이상 섭취할 경우, 암 발생률이 증가한다는 결과를 발표하였다. 한편 인체 필요량의 2배에 해당하는 단백질 권장량을 제시하며 혼란을 부추기는 언론과 정부의 사례를 통해 개인의 건강을 지키기 위해서는 서로 상충하는 정보 속에서 옳고 그름을 판별할 수 있는 분별력을 길러야 하며, 식습관이 질병에 대항해 싸울 수 있는 가장 강력한 무기임을 주장하였다.

## 물전쟁 (저자 최장르/ 장르월드)

최장르 장편소설 『물전쟁』. 한국에서는 이포보가 붕괴하면서 4대강 홍보대사로 나선 이 장로 일행이 물에 휩쓸리는 수모를 겪는다. 물을 둘러싼 일련의 반목과 분쟁이 지구촌 곳곳에서 진행되는 가운데 또 다른 물 분쟁지역인 카슈미르 지역에서 인도와 파키스탄 간에 교전이 발생한다. 물과 관련된 국제 정서가 불안정한 기류를 형성할 즈음 고비사막과 시베리아, 북경, 콜로라도 등지에서 거대한 싱크홀이 발생한다. 사태가 악화일로로 치닫자 오바마는 백악관 과학기술자문역인 홀드런 박사를 주축으로 테스크포스팀을 꾸려 대수층에 대한 전수조사를 하도록 조치를 한다. 한편 서울 물포럼에 참석한 세계적 석학들과 민간단체들은 한목소리로 물에 대한 난개발과 관리부실의 실태를 고발한다.

## 젊음의 과학 (저자 존 몰리, 셰리 콜버그/ 미지북스)

나이 드는 것을 막을 수 없다. 그러나 '노년'에 대비한다면 나이가 들어도 얼마든지 젊고 활기찬 생활을 유지할 수 있다. 건강하게 잘 늙는 길을 안내하는 건강서 『젊음의 과학: 인생 후반전을 준비하는 안티에이징 매뉴얼』. 단순히 몇 년을 더 사는 것보다 작은 변화를 시작으로 인생을 즐겁고 건강하게 사는 방법을 수록했다. 식생활 관리부터 운동, 체중관리, 올바른 약물 사용 등을 바탕으로 성공적인 노화를 위해서 누구나 따라 하기 쉬운 10가지 프로그램이 펼쳐진다. 이 프로그램은 더 늙었다고 느끼게 만들고 수명을 단축시킬 수 있는 건강 문제에 대한 이해, 예방, 관리, 치료를 목표로 한다. 가장 좋은 음식은 어떤 것인지, 왜 술이 몸에 좋은지와 얼마나 마셔야 하는지, 어떤 운동이 중요한지, 어떻게 하면 정신을 또렷하게 할 수 있는지를 알려준다. 또 심장을 건강하게 유지하고, 암을 예방하며, 뼈를 튼튼하게 하고, 팔다리 관절을 지키기 위해서 알아야 할 것들도 담았다. 저자들은 나이가 들어도 다시 젊어질 수는 있지만, 노화를 멈추고 젊음을 되돌려주는 신비의 묘약은 없다고 단호하게 말한다. 이 책은 노화에 대한 잘못된 지식을 바로 잡고 노화를 준비하기 위한 올바른 지식과 체계적인 프로그램을 제공한다. 세인트루이스대학교 노인 의학과 학장인 존 몰리와 운동 생리학자 셰리 콜버그가 전하는 전문적인 지식을 바탕으로 한, 따라 하기 쉬운 건강법을 만나보자.

### 존 로빈스의 100세 혁명 (저자 존 로빈스/ 시공사)

인생 100세 시대, 음식과 운동만으로는 당신의 생명을 지킬 수 없다!

배스킨라빈스의 유일한 상속자에서 환경운동가로 변신한 존 로빈스. 전작 <음식혁명>에서 현대 육류 산업에서 자행되고 있는 수많은 문제점을 폭로한 그가, 이번엔 수년간의 연구를 통해 세계에서 가장 장수한 사람들의 비결이 무엇인지 밝혀내고 노년에 대한 새로운 패러다임을 전한다. 건강한 장수 지역으로 유명한 문화와 사람들에 관한 연구를 바탕으로, 이들의 문화와 현대사회의 모습을 비교하며 현대인들이 얼마나 비인간적인 사회에서 나이 들어가는 자신을 '증오'하며 살아가는지 보여준다. 각종 인스턴트와 화학약품으로 물든 음식들, 부족한 영양은 약으로 보충하고 과학기술에 의존해 살아가는 사람들의 모습을 생생하게 보여주며 현대사회에 만연한 '비인간성'에 대해 구체적으로 비판한다. 그리고 삶에 대한 낡은 시각을 바꾸어 더 충만하고 즐겁게 노화를 경험하고 잘 살 수 있는 방법을 제시하고 있다. 저자는 이 책을 통해 건전하고 유서 깊은 전통문화와 최신식 의학의 큰 발견들이 모두 같은 곳을 지향하고 있다는 점을 풍부한 자료를 통해 보여준다. 소박한 음식과 운동, 그리고 사람과 사람 사이에 가장 본질적인 '사랑'과 '소통'이 우리 건강과 수명에 미치는 놀라운 결과를 들려주며, 오래 사는 것이 고통과 장애의 시간이 아닌, '살아갈 많은 시간'이라는 폭넓고 긍정적인 결론에 이를 수 있도록 이끌어주고 있다.

## 관련 영화

### 마이 베이커리 인 뉴욕 (2015년/ 96분)

뉴욕, 브루클린에서 가장 달콤한 곳 '이자벨 베이커리'

100년 동안 골목골목을 빵 냄새로 물들였던 이모 이자벨의 베이커리를 물려받게 된 정반대 성격의 사촌 쥬얼리 디자이너 비비안과 스타 셰프의 보조 셰프 클로이. 베이커리의 전통을 지키려는 비비안과 현대적인 변화를 꿈꾸는 클로이는 사사건건 부딪히고 한 지붕 아래 두 가게의 빵집이 손님을 두고 경쟁하는 초유의 사태가 벌어진다. 설상가상으로 베이커리가 문을 닫을 위기에 놓이게 된다.

## 로맨틱 레시피 (2014년/ 122분)

재능 있는 인도인 요리사 하산. 복잡한 집안 사정으로 인도를 탈출한 그는 프랑스 남부 작은 마을에 도착해 레스토랑을 열게 된다. 하산의 레스토랑에서 백 발자국쯤이면 또 다른 레스토랑이 있는데 이 식당의 정통 프랑스 요리를 전문으로 하는 식당이다.

평소 하산은 프랑스 요리를 책을 보며 익힌 천재 요리사이지만 정식으로 프랑스 요리를 배운 적은 없다. 마을 사람 모두가 인도에서 온 하산의 레스토랑을 궁금해하던 중 프랑스 식당의 요리사 마거리트를 우연히 알게 된 하산은 애틋한 감정이 싹트지만 두 레스토랑이 경쟁하면서 좌충우돌 소동이 벌어지게 된다.

## 라따뚜이 (2007년/ 115분)

절대미각, 빠른 손놀림, 끓어 넘치는 열정의 소유자 '레미'. 프랑스 최고의 요리사를 꿈꾸는 그에게 단 한 가지 약점이 있었으니, 바로 주방 퇴치대상 1호인 '생쥐'라는 것!

그러던 어느 날, 하수구에서 길을 잃은 레미는 운명처럼 파리의 별 다섯 개짜리 최고급 레스토랑에 떨어진다. 그러나 생쥐의 신분으로 주방이란 그저 그림의 떡.

보글거리는 수프, 뚝닥뚝닥 도마소리, 향긋한 허브 내음에 식욕이 아닌 '요리욕'이 북받친 레미의 작은 심장은 콩닥콩닥 뛰고 마는데...

쥐면 쥐답게 쓰레기나 먹고 살라는 가족들의 핀잔에도 굴하지 않고 끝내 주방으로 들어가는 레미. 깜깜한 어둠 속에서 요리에 열중하다 재능 없는 견습생 '링귀니'에게 '딱' 걸리고 만다. 하지만 해고위기에 처해있던 링귀니는 레미의 재능을 한눈에 알아보고 의기투합을 제안하는데. 과연 궁지에 몰린 둘은 환상적인 요리 실력을 발휘할 수 있을 것인가? 레미와 링귀니의 좌충우돌 공생공사 프로젝트가 아름다운 파리를 배경으로 이제 곧 펼쳐진다.

## GMO OMG (2013/ 92분)

우리 삶에 깊숙이 침투해 있는 유전자조작식품. 하지만 우리는 이에 대한 정보가 거의 전무하다. 유전자조작식품은 전 지구적으로 영향을 미칠 뿐더러 식량 공급에 위협을 가하고 있는데도 말이다. 세계식량시스템을 뒤바꿀 만한 영향력을 가지고 있는 GMO 식품을 대부분의 사람은 담담하게 수용한다. 하지만 빈곤과 굶주림에 허덕이는 아이티 농부들은 GMO 씨앗을 모아 불태워버리고 있는 현실. 그들은 알지만 우리는 모르는 유전자조작 식품에 대한 사실이 존재하는 것일까? 미국 LA 대형 슈퍼마켓의 쓰레기통을 뒤져 엄청난 양의 음식이 버려지고 있음을 고발한 영화 <다이브 Dive!>의 제레미 세이퍼트 감독은 그의 가족과 함께 GMO를 찾아 미국 전역을 여행한다. 제10회 서울환경영화제 출품작품이며, GMO에 대해 막연했던 생각의 파편들이 모여 있는 작품이다. 평소에 우리가 의식하지 못하는 GMO가 모두의 삶을 둘러싼 파괴적인 문제임을 깨닫고, 이에 세이퍼트는 가족과 함께 GMO의 진실을 찾는 여정을 떠난다. 무엇을 먹어야 하는지에 대한 깊은 고민을 이 영화를 통해서 들여다볼 수 있을 것이다.

## 음식물 쓰레기의 불편한 진실 (2010년/ 92분)

세상 사람들은 얼마나 많은 음식이 버려지는지 미처 인식하지 못하고 있다. 영국에서 처음으로 매년 버려지는 음식물 쓰레기의 양에 대해 신뢰할 만한 정보를 모았고, 그 양이 무려 천오백 톤이라는 놀랄만한 통계를 냈다. 대체 이렇게 음식물 쓰레기가 어마어마한 이유가 무엇일까? 영화는 그 해답을 찾기 위해 슈퍼마켓 매니저, 점원, 식품 생산자, 농부, 공공 의료 기관과 정부, 그리고 상인들과 이야기를 나눈다. 그리고 우리가 음식물 쓰레기를 절반만 줄여도 거리의 자동차가 4분의 1씩 줄어드는 것과 같은 효과를 내어 지구 환경 보호에 도움이 된다는 전망을 내놓는다. 동시에 음식에 대한 수요를 줄여 식품 가격을 낮추고 전 세계의 기아를 줄이는 일기양득의 효과까지 얻을 수 있다고 한다.

## 엘 불리 (2012년/ 108분)

요리에서 가장 중요한 것은 모방이 아닌 창조다!

프랑스 레스토랑 평가서 '미슐랭가이드' 최고등급 별 셋, 영국 음식 전문지 '레스토랑'이 선정하는 '세계 최고 레스토랑' 타이틀 5회에 빛나는 스페인 레스토랑 "엘 불리". 그곳의 수석 셰프인 페란 아드리아는 세계에서 가장 혁신적이고 열정적인 요리사로 정평이 나 있다. 그의 주방에서는 이미 세상에 알려진 모든 요리가 용납되지 않는다. "엘 불리"는 매년 다음 시즌을 위한 신메뉴 개발을 위해 6개월 동안 영업을 중단하고, 페란 아드리아는 50명의 요리사와 함께 요리 연구에 몰두한다. 그곳에서는 모든 실험이 가능하다, 단 기존의 것을 베끼는 것을 제외한 모든 것!

## 옥자 (2017년/ 120분)

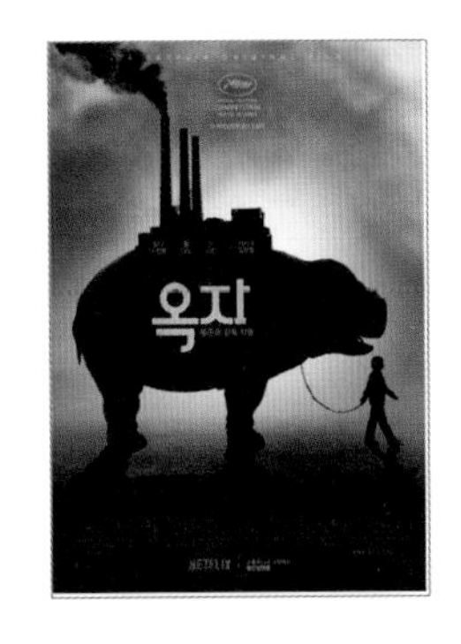


정말 채식만이 정답일까? 라는 질문을 던지게 되는 영화!

봉준호 감독의 다큐멘터리식의 영화가 전국 몇 곳의 영화관에서 작년 2017년도에 홍행리에 상영되었다. '옥자'는 세계의 식량난을 해결하기 위해서 만들어진 슈퍼돼지로 미란도사의 마케팅 사업의 일환이기도 하다. 어느 날 옥자는 키워진 땅을 떠나 미국으로 끌려간다. 영화에서는 옥자와 가족처럼 지낸 미자가 옥자를 지키기 위한 노력을 담아내며 공장식 축산업에 대한 부정적 측면을 보여주고 있다. 영화를 보고 나면 고기를 먹을 때 행복감과 죄책감이 동시에 밀려드는 아이러니를 경험할지도 모른다. 이런 아이러니는 사실 육식을 하지 않으면 해결될 문제인데 육식은 좀처럼 끊기 힘들다. 아마 현대인들에게 고기는 인간이 사랑하는 식재료임이 틀림없다. 하지만 지금 먹고 있는 고기가 어떤 식으로 키워지고 도축되어 자신의 식탁에 오르는지 알게 되는 것만으로도 많은 변화가 일어날 수 있다. 우리의 식탁으로 오기까지 일어나는 고기의 변천과정에 대해 잘 그린 영화, 꼭 채식을 해야 합니까 라는 의문을 던지게 만드는 영화이고, 아이들과 같이 편안하게 한 번쯤 볼만한 영화이다.

## 바다의 뚜껑 (2016년/ 84분)

시원한 한입, 달콤한 한입, 그리고 포근한 한입!

상처받은 마음을 사르르 녹여줄 세상에 단 하나뿐인 '카키코오리' 빙수!

도시 생활에 지친 '마리'는 해안가에 있는 고향마을에 내려와 빙수 가게를 오픈한다. 그런 마리 앞에 나타난 '하지메'. 그녀는 화상의 상처와 사랑했던 할머니를 떠나보낸 마음의 상처를 지니고 있다. 그리고 그렇게 만난 두 사람은 해안가의 작은 빙수 가게를 꾸려나가기 시작한다. 어설프고 실수투성이지만 마음을 담은 소담스러운 빙수를 통해 위로를 건네고 서로를 보듬으며 빛을 향해 나아가는 마리와 하지메, 두 사람의 찬란한 이야기가 펼쳐진다.

## 심야식당 (2015년/ 120분)

마스터와 사연 있는 손님들이 맛으로 엮어가는, 늦은 밤에 펼쳐지는 우리들의 이야기. 도쿄의 번화가 뒷골목에는 조용히 자리 잡은 밥집이 있다. 그곳은 바로 모두가 귀가할 무렵 문을 여는 '심야식당'

영업시간은 밤 12시부터 아침 7시까지이고 주인장이 가능한 요리는 모두 해주는 곳이다. 마스터는 손님들의 허기와 마음을 달래줄 음식을 만든다. 화려한 장면은 없지만, 음식이 어떻게 우리의 마음을 위로해주는지 푸근하게 그려낸 영화이다.

## 소울키친 (2011년/ 99분)

함부르크에서 레스토랑 '소울 키친'을 운영하고 있는 지노스.

그의 애인 나딘은 꿈을 좇아 상하이로 떠나버린다. 그 후, 세무서로부터 체납의 추궁이 시작되고 위생국으로 새로운 키친의 설비를 명령 받고, 망가진 허리 때문에 요리를 할 수 없게 된 지노스는 고집불통 천재 셰프를 새롭게 고용한다. 그가 만든 요리에 손님들의 발 길이 끊이질 않게 된다. 하지만 소울 키친의 토지를 노리는 부동산이 나타나 가게는 빼앗길 위험에 처하게 된다.